普通高等教育"十三五"规划教材

程序设计基础教程实训与考试指导

主　编　杜春敏　杨松涛

副主编　胡继礼　欧阳婷　谷宗运

中国水利水电出版社
www.waterpub.com.cn

内 容 提 要

本书是《程序设计基础教程》的配套实验教学辅导书,提供了与主教材对应的以项目为主导的实训和拓展训练,集教材习题与解答、试题库及练习软件系统于一体。本书配套提供教学课件、实训案例源程序、教学与考试大纲等,对学生掌握课程内容、培养开发能力及顺利通过考试都具有重要的作用。

本书可作为 Visual Basic 程序设计课程实训教材,适合于各类本专科院校在校生学习使用,也可作为各类工程技术人员自学教材或参加各类考试的参考书,题库及练习软件系统参见本书精品课程网站(www.yataoo.com)。

本书提供案例源代码,读者可以从中国水利水电出版社网站或万水书苑上免费下载,网址为:http://www.waterpub.com.cn/softdown/和 http://www.wsbookshow.com。

图书在版编目(C I P)数据

程序设计基础教程实训与考试指导 / 杜春敏,杨松
涛主编. -- 北京 : 中国水利水电出版社,2015.8(2016.8 重印)
普通高等教育"十三五"规划教材
ISBN 978-7-5170-3409-4

Ⅰ. ①程… Ⅱ. ①杜… ②杨… Ⅲ. ①程序设计-高
等学校-教学参考资料 Ⅳ. ①TP311.1

中国版本图书馆CIP数据核字(2015)第163681号

策划编辑:雷顺加　　责任编辑:李 炎　　封面设计:李 佳

书　　名	普通高等教育"十三五"规划教材 程序设计基础教程实训与考试指导
作　　者	主　编　杜春敏　杨松涛 副主编　胡继礼　欧阳婷　谷宗运
出版发行	中国水利水电出版社 (北京市海淀区玉渊潭南路 1 号 D 座　100038) 网址:www.waterpub.com.cn E-mail:mchannel@263.net(万水) 　　　　sales@waterpub.com.cn 电话:(010)68367658(发行部)、82562819(万水)
经　　售	北京科水图书销售中心(零售) 电话:(010)88383994、63202643、68545874 全国各地新华书店和相关出版物销售网点
排　　版	北京万水电子信息有限公司
印　　刷	三河市铭浩彩色印装有限公司
规　　格	184mm×260mm　16 开本　12 印张　302 千字
版　　次	2015 年 8 月第 1 版　2016 年 8 月第 2 次印刷
印　　数	4001—8000 册
定　　价	24.00 元

前　言

　　程序设计课程是培养人们利用计算机工具解决实际问题的方法学课程，是当代大学生必须掌握的计算机基础课程之一。Visual Basic 语言是面向对象的程序设计语言，具有结构化程序设计语言的风格，采用事件驱动的编程机制，可视化、强大的集成开发环境和数据库访问能力等特点，简单易用。

　　本书是配合主教材《程序设计基础教程》而专门编写的。为了帮助读者学好、用好 Visual Basic，本书精心设计了各种案例，融入了计算思维的思想，并在此基础上设计了模拟练习软件系统供学习和考试之用。

　　全书共分四个部分：上机实训、习题与解答、考试样题、考试大纲。

　　本书主要以全国高校计算机水平考试（CCT）和全国计算机等级考试（NCRE）为例，介绍了考试的特点和要注意的问题，对参加考试的考生具有一定的指导作用。由于 Visual Basic 属于传统的计算机考试科目，而各考试之间具有很大的相似性和通用性，因此本书的考试指导具有一定的通用性。

　　本书主要面向各类本专科院校在校生。本书不仅可与主教材配套使用，也可作为各类工程技术人员的自学教材或参加各类考试的参考书。另外，本书配套提供教材中案例的程序代码、教学课件等，读者可到中国水利水电出版社网站（http://www.waterpub.com.cn/softdown/）或万水书苑（http://www.wsbookshow.com）上免费下载。题库及练习软件系统请参见精品课程网站（www.yataoo.com）。

　　全书由杜春敏、杨松涛主编，胡继礼、欧阳婷、谷宗运任副主编，参加编写和程序调试的还有王世好、丁亚涛、殷云霞、金力、俞磊、束建华、谭红春、李治、蔡莉、李芳芳、欧凤霞、孙大勇、刘维平、朱薇等。在全书的策划和出版过程中，一直得到中国水利水电出版社特别是万水分社雷顺加总编辑的大力支持和统筹策划，许多从事教学工作的同仁也给予了关心和帮助，他们对本书提出了很多宝贵的建议。在此一并表示感谢。

　　由于作者水平有限，难免会有一些错误，希望读者不吝指教，以便我们再版时修正。如您有更好的意见，欢迎与我们联系，联系方式如下：

　　电子邮件：cmind2005@126.com，yataoo@126.com。

编　者

2015 年 6 月

目　录

第二部分　习题与参考答案

第三部分　模拟考试（样题）

第四部分　考试大纲

第一部分　实训项目

第 1 章　Visual Basic 概述

项目 1　VB 的集成开发环境

一、项目目标

1. 掌握简单的 Visual Basic 程序的建立、编辑、调试、运行和保存方法。
2. 了解 VB6.0 的集成开发环境，熟悉各主要窗口的作用。
3. 掌握 VB 应用程序的设计与开发过程。
4. 掌握 VB 应用程序界面的基本设计方法，了解对象的概念。

二、相关知识

1. VB 的启动

（1）单击 "开始" 按钮，在弹出的菜单中依次单击 "所有程序" → "Microsoft Visual Basic 6.0 中文版" → 单击 "Microsoft Visual Basic 6.0 中文版" 选项，弹出 "新建工程" 对话框，如图 1-1 所示。

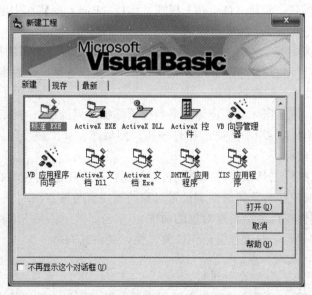

图 1-1　"新建工程" 对话框

（2）在 "新建工程" 对话框的 "新建" 选项卡中选择 "标准 EXE"，再单击 "打开" 按钮，即可进入 VB 集成开发环境，如图 1-2 所示。

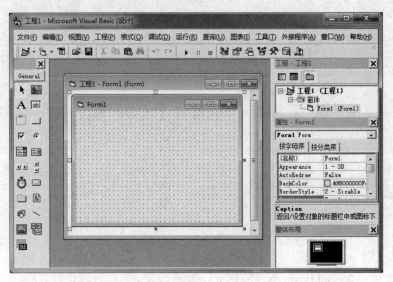

图 1-2　VB 的集成开发环境窗口

2．VB 的退出

如果要退出 VB，单击 VB 主窗口中的"关闭"按钮或选择"文件"菜单中的"退出"命令，即可退出 Visual Basic，返回 Windows 环境。对未保存的工程内容，则会提示用户是否保存文件或直接退出。

3．VB 集成开发环境

VB 的集成开发环境包括主窗口、窗体窗口、工具箱、对象浏览器窗口、工程资源管理器窗口、属性窗口、窗体布局窗口以及代码编辑器窗口。

4．VB 的工作模式

VB 有 3 种工作模式：设计（Design）模式、运行（Run）模式和中断（Break）模式。

5．使用 VB 开发应用程序的基本方法

使用 VB 开发应用程序，首先要进行用户界面设计，并对界面所用的控件对象等进行属性设置，然后编写事件过程的程序代码，最后进行程序调试、运行。一般步骤如下：

（1）启动 VB 系统，创建新工程。

（2）设计界面。建立窗体，在窗体上适当位置添加所需控件，方法有两种：

方法一：单击控件工具箱中所需的控件按钮，然后在窗体上适当位置按住鼠标左键画出所需的大小后再放开鼠标。

方法二：直接在控件工具箱双击所需的控件按钮，即可在窗体中添加一个控件。

（3）设置窗体或控件对象的属性，设置对象的属性有两种方法：

方法一：通过属性窗口直接设置对象的属性。

方法二：在程序代码中通过赋值语句设置属性，其格式为：

　　　对象名.属性=属性值

（4）编写程序代码，建立事件过程。

在设计模式双击窗体、控件或者单击工程资源管理器窗口中的"查看代码"按钮打开代码编辑器窗口，然后输入应用程序代码。

（5）保存工程。

单击工具栏中"保存"按钮 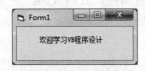，或者单击"文件"菜单→选择"保存工程""保存 Form1"或"工程另存为""Form1 另存为"命令，或者按快捷键 Ctrl+S。

（6）运行和调试应用程序。

（7）生成可执行文件。

在 VB 中可以利用"文件"菜单→选择"生成工程.exe"命令创建可执行文件，该文件可以脱离 VB 环境在 Windows 下直接运行。

三、项目实施步骤

任务 1 设计一个窗体 Form1，在窗体上添加一个标签 Label1，标题 Caption 属性为"欢迎学习 VB 程序设计"。

【操作步骤】

（1）启动 VB，选择"标准 EXE"，进入 Visual Basic 6.0 集成开发环境。

（2）单击控件工具箱中标签控件，在窗体上适当位置画出标签 Label1。

（3）选中窗体 Form1 上标签 Label1 控件→在"属性"窗口选择标题属性 Caption→输入属性值"欢迎学习 VB 程序设计"。

（4）保存工程文件。单击工具栏上的"保存"按钮 ，打开"文件另存为"对话框。首先保存窗体文件，命名为"实训 0101.frm"，单击"保存"按钮，如图 1-3 所示。同样保存工程文件，命名为"实训 0101.vbp"。

图 1-3　窗体另存为对话框

（5）单击工具栏上"启动"按钮 ，执行程序，运行结果如图 1-4 所示。

图 1-4　任务 1 运行结果

（6）单击工具栏上"结束"按钮 ，结束程序的运行。

四、拓展训练

设计一个窗体 Form1，窗体及各控件对象属性如表 1-1 所示。执行程序，查看运行结果，窗体的背景颜色为蓝色，标签 Label1 的字符颜色为红色。

表 1-1　窗体及控件属性值

对象名称	属性名	属性值	备注
窗体 Form1	Caption	背景与前景色	
	Height	3000	高度
	Width	5000	宽度
	BackColor	蓝色	背景色
标签 Label1	Caption	欢迎使用 Visual Basic 系统	
	ForeColor	红色	前景色
	BackStyle	0-Transparent	背景样式—透明
	Font	隶书、四号	
	AutoSize	True	

项目 2　简单的 VB 程序

一、项目目标

1. 掌握在窗体上创建标签、文本框、命令按钮控件的方法。
2. 掌握事件过程代码的编写。
3. 掌握通过程序代码修改对象属性。
4. 掌握对象的 Click 事件的运用。

二、相关知识

1. 对象的常用属性、事件

对象的常用属性：Caption、Height、Width、Left、Top，常用事件：Click。

窗体的常用属性：Caption、Height、Width、Left、Top，常用事件：Load。

标签的常用属性：AutoSize、ForeColor。

文本框的常用属性：Text。

2. 程序代码修改对象的属性

在程序代码中通过赋值语句设置属性，其格式为：

对象名.属性=属性值

三、项目实施步骤

任务 1　设计一个窗体，在窗体上添加一个标签 Label1 和一个命令按钮 Command1。各对象的属性如表 1-2 所示。单击命令按钮 Command1 时，标签移到窗体的左下角。

【分析】控件在窗体上的位置由控件的 Left、Top 属性决定，因此，只要在命令按钮 CmdBnt 的 Click 事件代码中修改标签的 Left、Top 属性值，即可将标签移到窗体的左下角。

表 1-2 窗体及控件的属性值

对象名称	属性名	属性值	备注
窗体 Form1	Caption	标签移动	标题
标签 Label1	Caption	欢迎学习 VB 程序设计	
	ForeColor	红色	前景色
命令按钮 Command1	（名称）	CmdBnt	控件名
	Caption	移动	

【操作步骤】

（1）启动 VB，选择"标准 EXE"，进入 Visual Basic 6.0 集成开发环境。

（2）在"属性"窗口选择窗体的标题属性 Caption，并输入属性值"标签移动"。

（3）单击控件工具箱中标签控件，在窗体上适当位置画出标签 Label1。

（4）选中窗体上标签控件 Label1→在"属性"窗口选择 Label1 的标题属性 Caption→输入属性值"欢迎学习 VB 程序设计"；再选择 Label1 的字符颜色属性 ForeColor→单击属性值框右端下拉列表按钮 →单击"调色板"选项卡→在"调色板"中选择"红色"。

（5）单击控件工具箱中命令按钮控件 ，在窗体上适当位置画出命令按钮 Command1。

（6）选中命令按钮控件 Command1→在"属性"窗口选择"（名称）"属性→将名称改为 CmdBnt→选择标题属性 Caption→输入属性值"移动"。

（7）在窗体上双击"移动"命令按钮，在代码编辑窗口中输入命令按钮 CmdBnt 的单击（Click）事件代码：

```
Private Sub CmdBnt_Click()
        Label1.Top = Form1.Height - 800
        Label1.Left = 0
End Sub
```

设计的窗体与输入代码的窗口如图 1-5 所示。

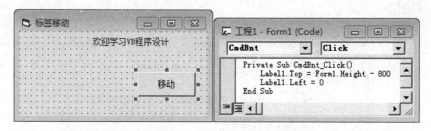

图 1-5 任务 1 的窗体与代码编辑窗口

（8）单击"文件"菜单，选择"保存工程"菜单项，保存该工程。首先保存窗体文件，命名为"实训 0102.frm"。同样保存工程文件，命名为"实训 0102.vbp"。

（9）单击工具栏上"启动"按钮 ，执行程序，查看运行结果。

任务 2 设计一个如图 1-6 所示窗体，窗体及各控件的属性如表 1-3 所示。

当单击"字体"命令按钮时，设置文本框中的文本字体为"楷体"、字号 20、字符颜色为蓝色；单击"关闭"命令按钮时，结束运行程序。

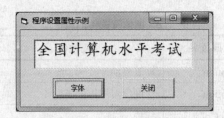

图 1-6　任务 2 窗体

表 1-3　窗体及控件属性值

对象名称	属性名	属性值
窗体 Form1	Caption	程序设置属性示例
文本框 Text1	Text	全国计算机水平考试
命令按钮 Command1	Caption	字体
命令按钮 Command2	Caption	关闭

【操作步骤】

（1）启动 VB，选择"标准 EXE"，进入 Visual Basic 6.0 集成开发环境。

（2）在"属性"窗口选择窗体的标题属性 Caption，并输入属性值"程序设置属性示例"。

（3）单击控件工具箱中文本框控件按钮 ，在窗体上适当位置画出文本框 Text1。

（4）选中窗体上文本框控件 Text1→在"属性"窗口选择 Text 属性→输入属性值"全国计算机水平考试"。

（5）单击控件工具箱中命令按钮控件 ，在窗体上适当位置分别画出命令按钮 Command1、Command2。

（6）选中命令按钮控件 Command1→选择标题属性 Caption→输入属性值"字体"。同样设置命令按钮控件 Command2 的 Caption 属性值为"关闭"。

（7）分别双击"字体""关闭"命令按钮，在代码编辑窗口中输入相应的单击（Click）事件代码，如图 1-7 所示。

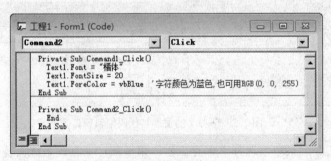

图 1-7　代码编辑窗口

（8）按任务 1 中步骤保存该工程。首先保存窗体文件，命名为"实训 0103.frm"；然后保存工程文件，命名为"实训 0103.vbp"。

（9）单击工具栏上"启动"按钮 ，执行程序，查看运行结果。

（10）设置工程属性，将工程名称修改为"文本框字体"。在"工程资源管理器"窗口中右击"工程 1（实训 0103.vbp）"→在弹出的快捷菜单中选择"工程 1 属性"，打开"工程属性"

对话框→在"通用"选项卡的"工程名称"文本框中输入"文本框字体",如图1-8所示→单击"确定"按钮,返回设计界面。

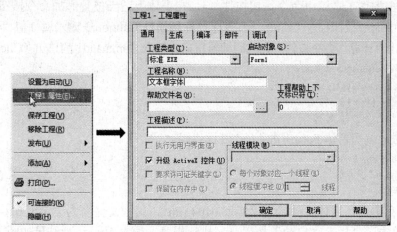

图1-8 工程属性快捷菜单与对话框

任务 3 设计一个如图1-9所示窗体,窗体上有两个标签、两个文本框和一个命令按钮,窗体及各控件的属性如表1-4所示。

图1-9 运行结果

表1-4 窗体及控件属性值

对象名称	属性名	属性值
Label1	Caption	整数
Label2	Caption	平方数
文本框 Text1	Text	空白
文本框 Text2	Text	空白
命令按钮 Command1	Caption	计算

程序运行时,通过事件过程代码将窗体的标题属性Caption设置为"平方数",在文本框Text1中输入一个整数,当单击"计算"命令按钮时,计算该数的平方,结果显示在文本框Text2中。

【操作步骤】

(1)启动VB,选择"标准EXE",进入Visual Basic 6.0集成开发环境。

(2)在"属性"窗口选择窗体的标题属性Caption,并输入属性值"平方数"。

(3)单击控件工具箱中标签控件按钮,在窗体上适当位置添加两个标签对象Label1、Label2,按表1-4所示设置标签的标题属性值分别为:整数、平方数。

（4）单击控件工具箱中文本框控件按钮▣︎，在窗体上添加两个文本框控件 Text1、Text2。

（5）选中窗体上文本框控件→在"属性"窗口选择 Text 属性→清除属性值 Text1、Text2。

（6）单击控件工具箱中命令按钮控件 ⌐，在窗体上适当位置添加命令按钮 Command1。

（7）选中命令按钮控件 Command1→选择标题属性 Caption→输入属性值"计算"。

（8）双击"计算"命令按钮，在代码编辑窗口中输入 Command1 的单击（Click）事件代码：

```
Private Sub Command1_Click()
    a = Val(Text1.Text)
    Text2.Text = a * a
End Sub
```

同样方法，编写窗体 Form1 的 Load 过程代码：

```
Private Sub Form_Load()
    Caption = "平方数"
End Sub
```

（9）保存工程。窗体文件名为"实训 0104.frm"，工程文件名为"实训 0104.vbp"。

（10）单击工具栏上"启动"按钮 ▸，执行程序，输入 50，运行结果如图 1-9 所示。

四、拓展训练

1. 设计一个窗体 Form1，如图 1-10 所示。窗体及各控件对象属性如表 1-5 所示。程序运行时，单击"放大"按钮，文本框中文本字体放大；单击"缩小"按钮，文本框中文本字体缩小。

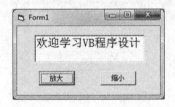

图 1-10　拓展训练 1 运行结果

表 1-5　窗体及控件属性值

对象名称	属性名	属性值	备注
命令按钮 Command1	Caption	放大	
命令按钮 Command2	Caption	缩小	
文本框 Text1	Text	欢迎学习 VB 程序设计	

2. 设计一个窗体 Form1，程序运行时，在文本框 Text1 中输入密码，单击"确定"命令按钮 Command1，标签 Label1 显示所输入的字符，运行结果如图 1-11 所示。窗体与控件对象的属性如表 1-6 所示。

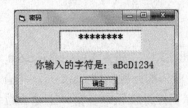

图 1-11　拓展训练 2 运行结果

表 1-6 窗体及控件属性值

对象名称	属性名	属性值	备注
窗体 Form1	Caption	密码	
标签 Label1	Caption	你输入的字符是：	
	AutoSize	True	自动大小
文本框 Text1	Alignment	2-Center	对齐方式—居中
	Font	宋体、粗体、四号	字体
	PasswordChar	*	占位符
	Text		文本框初始值
命令按钮 Command1	Caption	确定	

第 2 章　Visual Basic 语言基础

项目 1　常用函数和 Print 方法使用

一、项目目标

1. 掌握 VB 变量的定义和使用。
2. 掌握 VB 运算符和表达式的使用。
3. 掌握 VB 常用的内部函数。
4. 掌握 Print 方法的使用。
5. 掌握基本的 VB 界面设计。

二、相关知识

1. 数据类型、常量和变量

（1）数据类型

VB 定义了丰富的数据类型，常用的数据类型主要包括：整型、长整型、单精度型、字符型和逻辑型。编程中要根据实际需要选择合适的数据类型，既不要浪费存储空间，也不要导致溢出错误。

（2）常量

VB 中的常量有三种类型：直接常量、符号常量和系统常量。

直接常量分为数值常量、字符常量、日期常量和逻辑常量。例如：2.7125E-8、"Visual Basic"、#9/1/2015#、True 都是直接常量。

符号常量是以符号形式表示的，一般格式为：

[Public|Private] Const 常量名[As　Type]=表达式

系统常量由 VB 系统定义，在程序中可以直接使用，如 vbCrLf、vbRed 等。

（3）变量

变量声明的一般格式如下：

Dim 变量名 [As 数据类型，变量名 As 数据类型]…

"As 数据类型"用于定义变量的类型，省略时，所声明的变量默认为 Variant 型。

2. 运算符

运算符是指 VB 中具有某种运算功能的操作符号。由运算符将相关的常量、变量、函数等连接起来的式子即为表达式。VB 中的运算符（优先级从高到低）包括：算术运算符、字符串运算符、关系运算符、逻辑运算符。

3. 表达式

表达式由变量、常量、运算符、函数和圆括号按一定的规则组成。在 VB 中书写表达式时，应遵循下列规则：

（1）乘号不能省略，例如 x 乘以 y 应写成：x*y。

（2）不能使用方括号或花括号，只能用圆括号。圆括号可以出现多个，但要配对。

（3）表达式从左至右在同一基准上书写，无高低、大小之分。

例如：Sqr((2*x-y)-z)/(x*y)^3。

4. 常用内部函数

表 2-1 中列出了常用的内部函数。

表 2-1　常用内部函数

函数	含义	示例	结果
Len(s)	返回 s 的长度	Len("visual")	6
Ltrim (S)	删除 S 左端的空格	Ltrim("　VB")	"VB"
Rtrim(S)	删除 S 右端的空格	Rtrim("VB　")	"VB"
Trim(S)	删除 S 两端的空格	Trim("　VB　")	"VB"
Lcase(s)	将 s 从大写字母变为小写字母	Lcase("VB")	"vb"
Ucase(C)	将 C 从小写字母变为大写字母	Ucase("xyz")	"XYZ"
Rnd	返回[0,1)之间的随机数	Rnd	0～1 之间的随机数
Sqr	返回数的平方根值	Sqr(25)	5
Val(n)	数字字符串转换为数值	Val("12CD")	12

5. Print 方法的使用

（1）Print 方法用于在对象上输出信息。一般格式为：

[对象.]Print [定位函数] [表达式列表] [分隔符]

（2）说明

①对象可以是窗体、图形框或打印机，若省略对象，则在当前窗体上输出。

②分隔符可以用分号";"或逗号","来表示输出后光标的定位。分号";"光标紧跟前一项输出；逗号","光标定位在下一个显示区（每个显示区占 14 列）的开始位置处。若表达式列表后没有分隔符，则表示输出后换行。

6. 格式输出函数 Format

在 Print 方法中使用 Format $函数可以使数值、日期时间或字符串按指定的格式输出，一般格式如下：

Format$(表达式[，格式字符串])

其中：

表达式：可以是数值、日期时间或字符串类型的表达式。

格式字符串：表示输出表达式时所采用的输出格式。格式字符串有数值格式、日期格式和字符串格式三种类型，见表 2-2 至表 2-4。格式字符串要加引号。

表 2-2　常用数值格式符及示例

符号	含义	示例	结果
0	实际数字小于符号位数时，数字前后加 0	Print Format$(1234.567, "00000.0000") Print Format$(1234.567, "000.00")	01234.5670 1234.57

续表

符号	含义	示例	结果
#	实际数字小于符号位数时，数字前后不加 0	Print Format$(1234.567, "#####.####") Print Format$(1234.567, "###.##")	1234.567 1234.57
.	加小数点	Print Format$(1234, "0000.00")	1234.00
,	加千分位符	Print Format$(1234.567, "##,##0.0000")	1,234.5670
%	将数值乘以 100，加%	Print Format$(1234.567, "####.##%")	123456.7%
$	在数字前加$	Print Format$(1234.567, "$###.##")	$1234.57
+	在数字前加+	Print Format$(-1234.567, "+###.##")	-+1234.57
-	在数字前加-	Print Format$(1234.567, "-###.##")	-1234.57
E+	用指数表示	Print Format$(0.1234567, "-0.00E+00")	-1.23E-01
E-	用指数表示	Print Format$(1234.567, ".00E-00")	.12E04

表 2-3　常用日期和时间格式符

符号	含义	符号	含义
d	显示日期（1~31）	dd	显示日期（01~31），个位前加 0
ddd	显示英文星期缩写（Sun~Sat）	dddd	显示英文星期全名（Sunday-Saturday）
ddddd	显示完整日期（日、月、年），默认格式为 mm/dd/yy		
w	星期为数字（1~7），1 是星期日	ww	一年中的星期数（1~53）
m	显示月份（1~12）	mm	显示月份（01~12），个位前加 0
mmm	显示月份缩写（Jan-Dec）	mmmm	显示月份全名（January-December）
y	显示一年的天（1~366）	yy	两位数显示年份（00~99）
yyyy	四位显示完整年份（0100~1999）	q	季度数（1~4）
h	显示小时（0~23）	hh	显示小时（00~23），个位前加 0
m	显示分（0~59）	mm	显示分（00~59），个位前加 0
s	显示秒（0~59）	ss	显示秒（00~59），个位前加 0
tttt	显示完整时间（时、分、秒），默认格式为 hh:mm:ss		
AM|PM am|pm A|P a|p	12 小时制，中午前 AM 或 am、A、a，中午后 PM 或 pm、P、p		

表 2-4　常用字符串格式符及示例

符号	含义	示例	结果
<	以小写显示	Print Format$("HELLO","<")	hello
>	以大写显示	Print Format$("hello",">")	HELLO
@	实际字符位数小于符号位数时，字符前加空格	Print Format$("hello","@@@@@@@@")	hello
&	实际字符位数小于符号位数时，字符前不加空格	Print Format$("hello","&&&&&&&")	hello

三、项目实施步骤

任务 1　运算符与表达式的使用。新建工程，在窗体中观察并分析下面程序运行结果。

【操作步骤】

（1）启动 VB，选择"标准 EXE"，进入 Visual Basic 6.0 集成开发环境，如图 1-2 所示。

（2）双击窗体 Form1，在代码编辑窗口右上角选择过程 Click。

（3）分别编写以下各程序代码，并运行查看结果。

● 数值型数据

```
Private Sub Form_Click()
  Dim A As Integer, B As Integer, C As Single, D As Double
  A = 65
  Print 100 + A , A - 100, -A, A * A
  Print 100 / A , 100 \ A , 100 Mod A
  B = 100 / A : Cs = 100 / A : D = 100 / A
  Print B, C, D
End Sub
```

● 逻辑型数据

```
Private Sub Form_Click()
  Dim A As Boolean, B As Boolean
  Dim x As Integer, y As Integer
  x = 0: y = -2
  A = x: B = y
  Print A, B, x, y
  A = True: B = False
  x = A: y = B
  Print x, y, A, B
End Sub
```

● 日期型数据

```
Private Sub Form_Click()
  Dim A As Date, B As Date
  Dim C As Date, D As Date
  Dim E As Date, F As Date
  A = #5/1/2015#
  B = #5/1/2015 8:30:35 PM#
  C = 2015.5
  D = -2015.5
  E = 0.5
  F = 0
  Print A, B
  Print C, D
  Print E, F
End Sub
```

（4）保存工程。（按第 1 章实训方法命名，以下同）

任务 2　函数的使用示例。

【操作步骤】

（1）启动 VB，选择"标准 EXE"，进入 Visual Basic 6.0 集成开发环境。

（2）编写窗体 Form1 的（Click）事件代码如下：

```
Private Sub Form_Click()
    Dim A As Integer, B As Integer
    Const PI = 3.1415926
    Print Abs(-2.5), Log(12), Sqr(16)
    Print Exp（3）, Sin(30 * PI / 180)
    Print Int(-4.5), Fix(-4.5), Round(1.5), Round(1.515, 2)
    Print 50 Mod 6, 50 Mod -6, -50 Mod 6, -50 Mod -6
    A = &O127&
    B = &HAB5&
    Print "八进制数 127 转换为十进制数为"; A
    Print "十六进制数 AB5 转换为十进制数为"; B
End Sub
```

（3）执行程序，查看运行结果。

任务 3　编写程序，用户在文本框 Text1 中输入一个小写英文单词，单击"确定"按钮后，在文本框 Text2 中显示单词的长度，在文本框 Text3 中显示其转换为大写的单词。

【操作步骤】

（1）启动 VB，选择"标准 EXE"，进入 Visual Basic 6.0 集成开发环境。

（2）在窗体上创建三个标签 Label1，Label2，Label3，将其 Caption 属性分别改为：小写单词、单词长度和大写单词；然后再创建三个文本框 Text1、Text2、Text3，分别用于存放小写单词、单词长度和大写单词；再创建一个命令按钮 Command1，将其 Caption 属性修改为"确定"。如图 2-1 所示为界面设计。

图 2-1　界面设计

（3）编写"确定"命令按钮的单击（Click）事件过程代码：

```
Private Sub Command1_Click()
    Dim lword As String
    lword = Trim(Text1.Text)
    Text2.Text = Len(lword)
    Text3.Text = UCase(lword)
End Sub
```

（4）保存工程文件和窗体文件。从"文件"菜单中选择"保存工程"菜单项，保存该工程。

（5）按 F5 快捷键运行程序，在文本框 Text1 里输入一个小写英文单词，比如 hello，然后单击"确定"按钮，显示结果如图 2-2 所示。

图 2-2 单词长度和转换结果

任务 4 随机产生一个[10,99]之间的数，交换个位数和十位数的位置，把交换前和交换后的数在窗体上打印出来。

【操作步骤】

（1）新建 VB 工程，选择"标准 EXE"。

（2）编写窗体的单击（Click）事件过程代码：

```
Private Sub Form_Click()
    Dim r As Integer, a As Integer, b As Integer, c As Integer
    r = Int(90 * Rnd + 10)      '产生一个随机数
    a = Int(r / 10)             '求十位数
    b = Mod(r / 10)             '求个位数
    c = b * 10 + a              '生成的新数
    Print "处理前的数:"; r
    Print "处理后的数:"; c
End Sub
```

（3）保存工程文件和窗体文件，运行程序。

按 F5 快捷键运行程序，单击窗体运，行结果如图 2-3 所示。

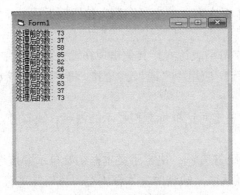

图 2-3 运行结果

四、拓展训练

1. 在窗体上显示下列函数的运行结果。

（1）cos45°　　（2）e^{-2}　　（3）|-3.5|　　（4）字符"a"的 ASCII 码值

（5）ASCII 码值为 75 的字符　　（6）系统的日期和时间

2. 编写程序，在文本框 Text1 里输入一个摄氏温度，然后将其转换为华氏温度在文本框 Text2 里输出。转换公式为 F=C*9/5+32，显示结果保留两位小数。

3. 编写一个电话号码升位程序。在窗体上建立两个名称分别为 L1、L2 的标签，标题分别是"原电话号码""升位后的电话号码"；两个文本框（名称分别为 T1、T2）；一个命令按钮，名称为 C1，标题为"升位"。当程序运行时，在文本框 T1 中输入原电话号码，单击"升位"按钮时，在文本框 T2 中显示升位后的电话号码。升位规则：在原电话号码前固定加 6。例如，原号码（含区号）为 0551-8129205，升位后为 0551-68129205。

项目 2 InputBox、MsgBox 函数使用

一、项目目标

1. 掌握 InputBox 函数的使用。
2. 掌握 MsgBox 函数的使用。
3. 掌握常用内部函数。
4. 掌握基本的 VB 界面设计。

二、相关知识

1. InputBox 函数的使用

输入对话框一般用 InputBox 函数来生成，用于在程序运行中，让用户输入一些文本信息。

（1）格式

InputBox(<提示字符串>[,<标题字符串>][,<文本框显示的缺省值>][,x][,y])

（2）功能

显示一个含<提示字符串>的对话框，让用户在文本框中输入文本信息，单击"确定"按钮或按回车键，则返回文本框内容，单击"取消"按钮则返回一个空串。

（3）说明

①<提示字符串>：为字符型表达式，其值出现在输入对话框中。最大长度为 1KB。若要分行显示，不能直接按回车键，应用"+"或"&"连接，将 Chr(13) 或 Chr(10) 或 Chr(13)&Chr(10) 插入在分行处。

②[<标题字符串>]：决定对话框标题栏显示的内容。缺省时，标题栏显示应用程序名。可以是字符型表达式。

③[，<文本框显示的缺省值>]：决定了文本框初始显示并被选中的文本内容。

作为无输入时的返回默认值。缺省时文本框为空。可以是字符型表达式。

④[，x]：决定对话框左边与屏幕左边的距离。缺省时对话框呈水平居中状态。可以是数值型表达式。

⑤[，y]：决定对话框上边与屏幕上边的距离。缺省时对话框显示在垂直靠下 1/3 的位置。

2. MsgBox 函数的使用

消息对话框一般用 MsgBox 函数来生成，用于在程序运行过程中，对用户提示一些简短的信息，并根据用户的选择回答进行相应的处理。

（1）格式

MsgBox(<提示字符串> [，<图标按钮类型值>] [，<标题字符串>])

（2）功能

按指定格式，输出一个含<提示字符串>的对话框，供用户选择处理。

（3）说明

①<提示字符串>：为字符型表达式，其值显示在消息对话框中。字符串长度≤1KB。若要分行显示，应在分行处用"+"或"&"连接，输入 Chr(13)（回车符）或 Chr(10)（换行符）或二者组合。

②[<图标按钮类型值>]：缺省值为 0，决定 MsgBox 对话框上按钮的数目、类型及图标类型、默认按钮，是各种类型值的总和。

③<标题字符串>：决定消息对话框标题栏中显示的内容。

三、项目实施步骤

任务 1　编写程序，单击窗体后弹出 InputBox 输入框，由用户在 InputBox 输入框输入任意一个自然数，求其平方根，结果在窗体上打印出来。

【操作步骤】

（1）新建 VB 工程，选择"标准 EXE"。

（2）编写窗体的单击（Click）事件过程代码如下：

```
Private Sub Form_Click()
    Dim n As Integer
    n = Val(InputBox("请输入一个自然数"))
    Print Sqr(n)
End Sub
```

（3）保存工程文件和窗体文件，运行程序。

按 F5 快捷键运行程序，然后单击窗体，在弹出的输入框里输入一个自然数，比如 10，如图 2-4 所示，单击"确定"按钮后输出结果如图 2-5 所示。

图 2-4　输入数据

图 2-5　运行结果

任务 2　编写程序，在窗体的文本框输入手机号码，一旦键入非数字字符时，用 MsgBox 消息框给出"请输入数字符号"的提示信息；如果数字符号不足 11 位，用 MsgBox 消息框给出"手机号码为 11 位数字"的提示信息。

（1）新建 VB 工程，选择"标准 EXE"。

（2）在窗体上创建一个 Label1 标签，将其 Caption 属性改为"请输入手机号："；然后再创建一个文本框 Text1，并将其 Text 属性值设为空，用于输入手机号；然后再创建一个 Command1 命令按钮，将其 Caption 属性设为"确定"。如图 2-6 所示为界面设计。

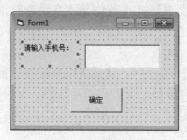

图 2-6　界面设计

（3）双击文本框，打开代码编辑窗口，编写其 KeyPress 事件代码如下：

```
Private Sub Text1_KeyPress(KeyAscii As Integer)
    If Chr(KeyAscii) < "0" Or Chr(KeyAscii) > "9" Then
        MsgBox ("请输入数字符号")
    End If
End Sub
```

（4）双击"确定"按钮，打开代码编辑窗口，编写其 Click 单击事件代码如下：

```
Private Sub Command1_Click()
    If (Len(Trim(Text1.Text)) <> 11) Then
        MsgBox ("手机号码为 11 位数字")
    Else
        MsgBox ("输入正确")
    End If
End Sub
```

（5）保存工程文件和窗体文件，运行程序。

按 F5 快捷键运行程序，在文本框里输入"a"，然后单击"确定"按钮进行测试，如图 2-7 所示。

在文本框里输入"130"，然后单击"确定"按钮进行测试，如图 2-8 所示。

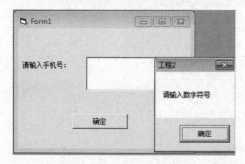

图 2-7　MsgBox 提示框 1

图 2-8　MsgBox 提示框 2

然后再请输入自己的手机号码进行测试。

四、拓展训练

1. 建立如图 2-9 所示的窗体，单击窗体时，在文本框中显示今天是几月几日。编写窗体

Form1 的单击（Click）事件过程代码。

图 2-9　显示日期

2．编写程序，判断用户在窗体文本框中输入的密码是否为"ABCD"，若是则用 MsgBox 函数提示密码正确，否则提示密码错误！

第 3 章　Visual Basic 语言进阶

项目 1　VB 的基本控制结构

一、项目目标

1. 掌握 VB 程序设计的基本控制结构。
2. 掌握顺序结构的使用。
3. 掌握分支结构的使用。
4. 掌握循环结构的使用。

二、相关知识

1. 顺序结构

在顺序结构中程序的各语句是严格按书写顺序依次被执行的。

赋值语句格式：

[Let] 变量名＝表达式　或　　**[Let]** 对象名.属性名＝表达式

2. 分支结构

分支结构也称为选择结构，它是根据给定的条件进行判断或比较，并根据判断的结果采取相应的操作。在 VB 中，分支结构分为单分支、双分支、多分支和分支嵌套等，主要有 If 语句和 Select 语句两种形式。

（1）If 语句

①If…Then 结构

②If…Then…Else 结构

③If…Then…ElseIf…Else 结构

（2）Select 语句

语法格式：

```
Select　Case 测试表达式
　Case 表达式列表 1
　　语句块 1
　Case 表达式列表 2
　　语句块 2
　…
　Case Else
　　语句块 n
End Select
```

（3）分支嵌套

在 If 语句的 Then 分支和 Else 分支中可以嵌入另一个 If 语句或 Select Case 语句；同样 Select

Case 语句的每一个 Case 分支中也可以嵌套另一个 If 语句或 Select Case 语句，这种结构称为嵌套结构。例如：

```
If <条件 1> Then
   …
   If <条件 2> Then
      …
   Else
      …
   End If
   …
Else
   …
      Select Case…
         Case…
            …
      End Select
   …
End If
```

3. 循环结构

循环是指在程序设计中，有规律地反复执行某一程序语句块的现象，被重复执行语句块为"循环体"。

循环结构主要有两种形式：Do…Loop 结构和 For…Next 结构。

（1）Do…Loop 结构

Do…Loop 结构有四种类型：先判断条件后进入循环语句 Do While…Loop 和 Do Until…Loop 和先进入循环再判断条件语句 Do…Loop While 和 Do…Loop Until。

（2）For…Next 结构

语句格式：

```
For 循环变量=初值 To 终值 [Step 步长值]
   …
   [Exit For]
   …
Next 循环变量
```

（3）While…Wend 结构

语句格式：

```
While 条件表达式
   循环体
Wend
```

While…Wend 结构的功能与 Do…Loop 结构基本相同，但不能使用 Exit 语句跳出循环。

三、项目实施步骤

任务 1　输入三个数，计算这三个数的总和。要求使用文本框输入数据，使用消息框输出计算结果。

【操作步骤】

（1）启动 Visual Basic 6.0 后，创建一个"标准 EXE"应用程序。

（2）在"属性"窗口修改窗体的 Caption 属性值为"求三数之和"。

（3）向窗体 Form1 中增加三个标签控件，并修改它们的 Caption 属性值，分别设为"第一个数""第二个数""第三个数"，然后向窗体 Form1 中增加三个文本框控件，最后增加一个命令按钮 Command1，并将其 Caption 属性值设为"求和"。

（4）双击 Command1，进入代码编辑窗口，编写 Command1 的单击（Click）事件过程如下：

```
Private Sub Command1_Click()
    Dim a, b, c, sum&
    a = Val(Text1.Text)
    b = Val(Text2.Text)
    c = Val(Text3.Text)
    sum = a + b + c
    MsgBox sum
End Sub
```

（5）输入以上程序后，单击工具栏上"启动"按钮 或按 F5 键运行程序。

（6）调试程序，运行结果如图 3-1 所示。

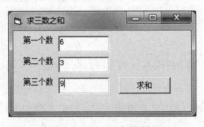

图 3-1　计算三个数的和

任务 2　编写程序：输入 x、y、z 三个数，按从小到大的次序显示。

【操作步骤】

（1）新建一个工程。

（2）把窗体的 Caption 属性值设为"排大小"，向窗体 Form1 中增加一个标签（Label1），然再在增加一个命令按钮 Command1，并将其 Caption 属性设为"三数排大小"。

（3）双击 Command1，进入代码编辑窗口，编写 Command1 的单击（Click）事件过程如下：

```
Private Sub Command1_Click()
    Dim i, x, y, z, temp!
    c1 = Chr(13) + Chr(10)
    msg1 = "随机输入一个数字"
    msg2 = "输入后按回车键"
    msg3 = "或者单击"确定"按钮"
    msg = msg1 + c1 + msg2 + c1 + msg3
    x = Val(InputBox(msg, "第一个数", 0))
    y = Val(InputBox(msg, "第二个数", 0))
    z = Val(InputBox(msg, "第三个数", 0))
    If x > y Then temp = x: x = y: y = temp
    If x > z Then temp = x: x = z: z = temp
    If y > z Then temp = y: y = z: z = temp
    Label1.Caption = "结果是: " & x & "<" & y & "<" & z
End Sub
```

（4）运行程序，结果如图 3-2、图 3-3 所示。

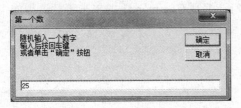

图 3-2　输入第一个数　　　　　　　　　　图 3-3　运行结果

任务 3　设计一个求解一元二次方程 $Ax^2 + Bx + C = 0$ 的程序，只要求考虑实根的情况。

【操作步骤】

（1）建立一个新工程，在窗体上添加五个标签、五个文本框和一个命令按钮，如图 3-4 所示，并设置有关对象的属性。

（2）双击命令按钮 Command1，编写 Command1 的单击（Click）事件过程如下：

```
Private Sub Command1_Click()
    Dim a, b, c, x1, x2, d!
    a = Val(Text1.Text)
    b = Val(Text2.Text)
    c = Val(Text3.Text)
    d = b * b - 4 * a * c
    If d >= 0 Then
        x1 = (-b + Sqr(d)) / (2 * a)
        x2 = (-b - Sqr(d)) / (2 * a)
        Text4.Text = Str(x1)
        Text5.Text = Str(x2)
    End If
End Sub
```

（3）调试、运行程序，运行结果如图 3-4 所示。

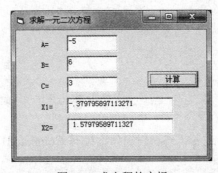

图 3-4　求方程的实根

任务 4　输入 x，求下列分段函数 f(x)的值。用 InputBox 函数输入 x，计算结果 f(x)输出到文本框控件。

$$f(x) = \begin{cases} 1-2x & x \leqslant 3 \\ x+1 & x>3 \end{cases}$$

【操作步骤】

（1）建立一个新工程，在窗体上添加一个文本框和一个命令按钮，将 Command1 的

Caption 属性设为"计算"。

（2）双击 Command1，进入代码编辑窗口，编写 Command1 的单击事件过程如下：

```
Private Sub Command1_Click()
    Dim x, y!
    msg1 = "请输入 x 的值"
    msg2 = "然后按回车键"
    msg3 = "或者单击"确定"按钮"
    c1 = Chr(10) + Chr(13)
    msg = msg1 + c1 + msg2 + c1 + msg3
    x = InputBox(msg)
    If x <= 3 Then
        y = 1 - 2*x
    Else
        y = x +1
    End If
    Text1.Text = CStr(y)
End Sub
```

（3）调试、运行程序，输入数值 5，运行结果如图 3-5 所示。

图 3-5   计算 f(x)的结果

任务 5   编写一个程序，功能如下：输入 x，求下列分段函数 y 的值。用 InputBox 函数输入 x，计算结果输出到文本框。

$$y = \begin{cases} 2x^2 + 3x + 1 & x < -3 \\ 5x & -3 \leqslant x \leqslant 3 \\ x^3 & x > 3 \end{cases}$$

【操作步骤】

（1）建立一个新工程，在窗体上添加一个文本框和一个命令按钮，将 Command1 的 Caption 属性设为"计算"。

（2）双击 Command1，进入代码编辑窗口，编写 Command1 的单击事件过程如下：

```
Private Sub Command1_Click()
    Dim x, y!
    c1 = Chr(13) + Chr(10)
    msg1 = "请输入 x 的值"
    msg2 = "输入后按回车键"
    msg3 = "或者单击"确定"按钮"
    msg = msg1 + c1 + msg2 + c1 + msg3
    x = Val(InputBox(msg, "inputbox function demo", 0))
    If x < -3 Then
        y = 2* x ^ 2 + 3 * x +1
```

```
        Else
            If x > 3 Then
                y = x ^ 3
            Else
                y = 5 * x
            End If
        End If
        Text1.Text = y
End Sub
```

（3）调试、运行程序，输入数值 3，运行结果如图 3-6 所示。

图 3-6　求 y 的值

任务 6　顾客在商场购物时，若所选物品的总金额 x 在下述范围内，则实付款 y 可按对应折扣支付，请编程计算某顾客的实付款，总金额由键盘输入。

$$y \begin{cases} x & x < 1000 \\ 0.9x & 1000 \leqslant x < 2000 \\ 0.8x & 2000 \leqslant x < 3000 \\ 0.7x & x \geqslant 3000 \end{cases}$$

【操作步骤】

（1）建立一个新工程，在窗体上添加一个标签和一个命令按钮，将 Command1 的 Caption 属性设为"实付款"。

（2）双击 Command1，进入代码编辑窗口，编写 Command1 的单击事件过程如下：

```
Private Sub Command1_Click()
    Dim x, y!
    c1 = Chr(13) + Chr(10)
    msg1 = "请输入购买金额"
    msg2 = "输入后按回车键"
    msg3 = "或者单击"确定"按钮"
    msg = msg1 + c1 + msg2 + c1 + msg3
    x = Val(InputBox(msg, "请输入金额", 0))
    Select Case x
        Case Is < 1000
            y = x
        Case Is < 2000
            y = 0.9 * x
        Case Is < 3000
            y = 0.8 * x
        Case Else
            y = 0.7 * x
```

```
        End Select
        Label1.Caption = "折后应付款为: " & Str(y) & "元"
End Sub
```

（3）单击工具栏上"启动"按钮 ▶ 或按 F5 键运行程序，输入金额 2600，如图 3-7 所示。

（4）单击"确定"按钮，运行结果如图 3-8 所示。

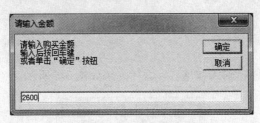

图 3-7　输入数据界面

图 3-8　求实付款

任务 7　求 Sn=a+aa+aaa+aaaa+⋯（最后一项为 n 个 a）的值，其中 a、n 是通过 InputBox() 函数由键盘输入的值。程序的运行界面如图 3-9 所示。

【操作步骤】

（1）建立一个新工程，在窗体上添加一个标签，将其 Caption 属性设为"Sn=a+aa+aaa+ aaaa+……"，再增加一个文本框和两个命令按钮，并将 Command1 和 Command2 的 Caption 属性分别设为"输入数据"和"计算"。

（2）双击 Command1，进入代码编辑窗口，编写 Command1 的单击事件过程如下：

```
Dim n As Integer
Dim a As Integer
Dim s As Integer
Dim i As Integer
Private Sub Command1_Click()
    n=Val(InputBox("请输入 n 的值","n 的值"))    '通过输入框输入 n 的值
    a=Val(InputBox("请输入 a 的值","a 的值"))    '通过输入框输入 a 的值
End Sub
```

（3）双击 Command2，进入代码编辑窗口，编写 Command2 的单击事件过程如下：

```
Private Sub Command2_Click()
    S=0
    T=0    't 表示求和公式中的每一项
For i=1 To n
        T=t*10 + a
        S=s+t
    Next i
```

```
    Text1.Text=Str(s)
End Sub
```

（4）调试、运行程序，其运行界面如图 3-9 至图 3-11 所示。

图 3-9 运行界面

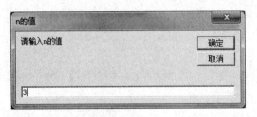

图 3-10 输入数 n

图 3-11 输入数 a

任务 8 计算 1-2+3-4+5-6…±n 的值，n 由用户输入。

【操作步骤】

（1）建立一个新工程，在窗体上添加一个标签，将其 Caption 属性设为"输入数 n"，再增加一个文本框和一个命令按钮，并将 Command1 的 Caption 属性设为"计算"。

（2）双击 Command1，进入代码编辑窗口，编写 Command1 的单击事件过程如下：

```
Private Sub Command1_Click()
    Dim s As Integer, a As Integer, i As Integer
    n = Val(Text1.Text)
    s = 0: a = 1
    For i = 1 To n
        s = s + i * a
        a = -a
    Next i
    Print s
End Sub
```

（3）调试、运行程序，其运行结果如图 3-12 所示。

图 3-12 运行结果

任务 9 计算并输出下面级数前 n 项（n=30）的和。

$$\frac{1}{1*2}+\frac{1}{2*3}+\frac{1}{3*4}+\ldots+\frac{1}{n*(n+1)}+\ldots$$

【操作步骤】

（1）建立一个新工程，在窗体上添加一个命令按钮，并将 Command1 的 Caption 属性设为"求和"。

（2）双击 Command1，进入代码编辑窗口，编写 Command1 的单击事件过程如下：

```
Private Sub Command1_Click()
    Dim i As Integer, n As Integer, sum As Integer
    For i = 1 To 30
        sum = sum + i * (i + 1)
        k = 1 / sum
        w = w + k
    Next i
    Print w
End Sub
```

（3）调试、运行程序，其运行结果如图 3-13 所示。

任务 10　某公司每年的销售收入均比前一年增长 10 个百分点，按此增长率，需要多少年才可以实现销售收入翻两番的目标。

【操作步骤】

（1）建立一个新工程，设置 Form1 的 Caption 属性值为"收入翻两番"。

（2）双击 Form1，进入代码编辑窗口，编写 Form1 的单击事件过程如下：

图 3-13　运行结果

```
Private Sub Form_Click()
    Dim i As Single
    Dim s As Integer    '设 s 为所求年数，定义为整型
    i = 1
    s = 0
    Do While i <= 4
        i = i * (1 + 0.1)
        s = s + 1
    Loop
    Print "s="; s
End Sub
```

（3）调试、运行程序，其运行结果如图 3-14 所示。

图 3-14　运行结果

任务 11　从键盘上输入学生的成绩，如果输入-1 则代表输入结束，并计算班级的平均分。

【操作步骤】

（1）建立一个新工程，设置 Form1 的 Caption 属性值为"计算班级平均分"。

（2）双击 Form1，进入代码编辑窗口，编写 Form1 的单击事件过程如下：

```
Private Sub Form_Click()
    Dim Data As Integer, Sum As Integer, N As Integer
    Sum = 0: N = 0
    Data = InputBox("输入成绩", "计算总分")
    Do Until Data = -1
        Sum = Sum + Data
        N = N + 1
        Data = InputBox("输入成绩", "计算总分")
    Loop
    Print "全班平均分为:"; Sum / N
End Sub
```

（3）调试、运行程序，输入成绩的界面和结束输入的界面如图 3-15 所示。运行结果如图 3-16 所示。

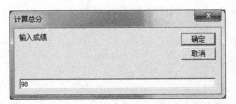 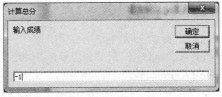

图 3-15　输入成绩的界面和结束输入的界面

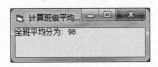

图 3-16　运行结果

任务 12　在窗体上输出如下所示的图形。

```
       *
      **
     ***
    ****
   *****
  ******
 *******
********
```

【操作步骤】

（1）建立一个新工程，设置 Form1 的 Caption 属性值为"打印星星"。

（2）双击 Form1，进入代码编辑窗口，编写 Form1 的单击事件过程如下：

```
Private Sub Form_Click()
    Dim I, J As Integer          'I、J 为循环变量
    For I = 1 To 8               'I 控制行数（8 行）
        Print Tab(10 - I);        '定每行*的起始位
        For J = 1 To I            'J 控制每行输出 I 个*
            Print "*";
        Next J
        Print                     '换行
    Next I
End Sub
```

（3）运行程序，显示结果如图 3-17 所示。

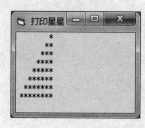

图 3-17 运行结果

任务 13 利用 $e = 1 + \dfrac{1}{1!} + \dfrac{1}{2!} + \dfrac{1}{3!} + \cdots + \dfrac{1}{10!}$，可求出 e 的值。请用多重循环结构编写程序。

【操作步骤】

（1）建立一个新工程，设置 Form1 的 Caption 属性值为 "求 e 的值"。

（2）双击 Form1，进入代码编辑窗口，编写 Form1 的单击事件过程如下：

```
Private Sub Form_Click()
    Dim I As Integer, J As Integer
    Dim F As Long          '阶乘值用长整型保存
    Dim e As Double
    For I = 0 To 10
        F = 1                   '每个阶乘值先置 1 以便累乘
        For J = 1 To I
            F = F * J
        Next J
        e = e + 1 / F
    Next I
    Print "e="; e
End Sub
```

（3）调试、运行程序，其运行结果如图 3-18 所示。

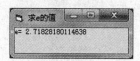

图 3-18 运行结果

任务 14 打印如下所示的图形。

```
      *
     *+*
    *+*+*
   *+*+*+*
```

【操作步骤】

（1）建立一个新工程，设置 Form1 的 Caption 属性值为 "打印图形"。

（2）双击 Form1，进入代码编辑窗口，编写 Form1 的单击事件过程如下：

```
Private Sub form_Click()
    Dim i As Integer
```

```
        Me.Cls
        N = 4
        For i = 1 To N
    Print Tab(15 - i);
    For J = 1 To 2 * i - 1
        If J Mod 2 = 0 Then
            Print "+";
        Else
            Print "*";
        End If
    Next J
    Print
        Next i
End Sub
```

（3）调试、运行程序，其运行结果如图 3-19 所示。

图 3-19　运行结果

四、拓展训练

1．求前 n 项的奇数和，S=1+3+5+…+(2n+1)。

2．求前 n 项的奇数乘积，M=1*3*5*…*(2n+1)。

项目 2　数组

一、项目目标

1．掌握数组的基本概念。

2．掌握数组的基本操作和应用方法。

二、相关知识

1．静态数组

（1）Dim、Private、Static 及 Public 关键字用于声明数组。

（2）维数用于指定数组的维度和各维下标的取值范围。

（3）在声明数组时，下标必须是常量，不能是变量。

2．动态数组

为了节约存储空间，提高运行效率，就要用到动态数组。在 VB 中，动态数组可以在任何时候改变大小。

三、项目实施步骤

任务 1　使用数组计算 9 个学生的计算机平均成绩，结果显示在文本框内。

【操作步骤】

（1）建立一个新工程，设置 Form1 的 Caption 属性值为"计算机平均成绩"，在窗体上添加一个命令按钮和一个文本框，并将 Command1 的 Caption 属性值设为"计算"。

（2）双击命令按钮 Command1，进入代码编辑窗口，编写 Command1 的单击事件过程如下：

```
Private Sub Command1_Click()
    Dim score(8) As Integer
    Dim sum As Single , aver As Single
    sum = 0
    For i = 0 To 8
        score(i) = InputBox("请输入第" & Str(i) & "名学生的成绩：")
        sum = sum + score(i)
    Next i
    aver = sum / 9
    Text1.text=aver
End Sub
```

（3）调试、运行程序，运行结果如图 3-20 所示。

图 3-20　运行结果

任务 2　将数组中的 6 个数，用选择法递增顺序排列。

【操作步骤】

（1）建立一个新工程，修改 Form1 的 Caption 属性值为"选择法排序"，在窗体上添加两个标签，并将它们的 Caption 属性值分别设为"排序前"和"排序后"。

（2）双击 Form1，进入代码编辑窗口，编写 Form1 的 Load 事件过程如下：

```
Private Sub Form_Load()
    Dim a (6) As Integer
    Dim k, n, i, j, t As Integer
    Randomize
    n = 6
    '给数组 6 个元素赋值，0～9 中的随机整数
    For i = 1 To n
        a(i) = Int(Rnd * 9) + 1
        Label1.Caption = Label1.Caption + Str(a(i))
    Next
    '选择排序法
    For i = 1 To n - 1
        k = i
        For j = i + 1 To n
```

```
        If a(k) > a(j) Then k = j      '找出最小值的下标
      Next
      '交换数组元素，使最小的元素排在第一位
      t = a(k):      a(k) = a(i):      a(i) = t
      '将排序结果显示在 Label2 上
      Label2.Caption = Label2.Caption + Str(a(i))
    Next
    Label2.Caption = Label2.Caption + Str(a(i))
End Sub
```

（3）调试、运行程序，运行结果如图 3-21 所示。

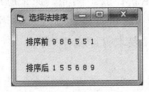

图 3-21　运行结果

任务 3　运动会评委对某项体育比赛进行现场评分，假设评委的人数是现场确定的，使用数组编程计算评分结果。

要求：将每个评委的评分放在一个数组 score 中，评委计分完后，每个评委的分数将显示在窗体上，但运动员的总分将显示在文本框中。

【操作步骤】

（1）建立一个新工程，修改 Form1 的 Caption 属性值为"评委评分"，在窗体上添加一个标签，并将它的 Caption 属性设为"运动员的总成绩"，添加一个文本框，再添加两个命令按钮，并将 Command1 和 Command2 的 Caption 属性分别设为"开始"和"结束"。

（2）双击 Command1，进入代码编辑窗口，编写 Command1 的单击（Click）事件过程如下：

```
Private Sub Command1_Click()
    Form1.Cls
    Text1.Text=""
    Dim I As Integer
    Dim score() As Integer
    n=InputBox("请输入参加评委的人数：n")
    ReDim score(n) As Integer
    Sum=0
    For i=1 to n
        score(i)= InputBox("请输入评委的评分：")
        Sum= Sum+ score(i)
        Form1.Print score(i)
    Next i
    Text1.Text=sum
End Sub
```

（3）调试、运行程序，运行结果如图 3-22 所示。

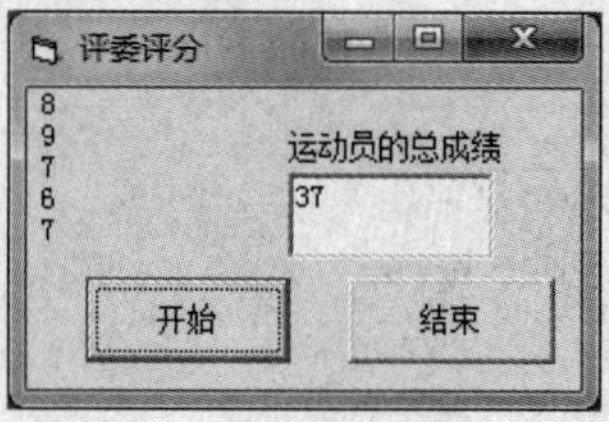

图 3-22　运行结果

四、拓展训练

1．将一个数组中的值按逆序重新存放。例如，原来顺序为 6、3、1、9、5，逆序改为 5、9、1、3、6。功能要求：在单击窗体时进行逆序排序，并用 Print 语句打印结果。

2．打印出以下的杨辉三角形（要求打印出 10 行）。

```
        1
       1 1
      1 2 1
     1 3 3 1
    1 4 6 4 1
    ……
```

项目 3　算法

一、项目目标

1．掌握枚举法、递推法的使用。

2．掌握排序算法的使用。

3．掌握查找算法的使用。

二、相关知识

1．枚举法

"枚举法"也称"穷举法"，该方法是将问题可能发生的各种情况一一进行测试，检查它是否满足给定的条件，找出符合条件的结果。这种方法充分利用了计算机运算速度快的特点，一般采用循环语句来实现。

2．递推法

"递推法"又称"迭代法"，其基本思想是把复杂的计算过程转化为简单过程的多次重复。每次重复都在旧值的基础上递推出新值，并用新值代替旧值。

3．排序

排序的算法有许多，除了**冒泡排序法**，常用的还有**选择排序法**、**插入法**、**合并排序**等，最简单的是选择排序法。

4．查找

查找是在一组数中，根据指定的关键值，找出与其值相同的元素。一般有**顺序查找**和**二分法查找**。

三、项目实施步骤

任务 1 鸡兔同笼问题：要求用户先输入鸡和兔的总数，再输入鸡和兔的总脚数，计算出鸡和兔各有多少只。

【操作步骤】

（1）建立一个新工程，修改 Form1 的 Caption 属性值为"鸡兔同笼"，在窗体上添加一个命令按钮，并将它的 Caption 属性设为"计算"。

（2）双击 Command1，进入代码编辑窗口，编写 Command1 的 Click 事件过程如下：

```
Private Sub Command1_Click()
    Dim ChengLi As Boolean
    Dim m As Integer, n As Integer, i As Integer
    ChengLi = False
Line1:
    m = InputBox("输入鸡兔总数")
    If m < 1 Then
      MsgBox "输入错误，请重新输入"
      GoTo Line1
    End If
Line2:
    n = InputBox("输入鸡兔总脚数")
    If n < 1 Or n Mod 2 <> 0 Then
        MsgBox "输入错误，请重新输入"
        GoTo Line2
    End If
    For i = 1 To m
      If i * 2 + (m - i) * 4 = n Then
          ChengLi = True
          Print " "; i & "只鸡" & "    " & " "; m - i & "只兔"
          Exit For
      ElseIf i = m And ChengLi = False Then
            MsgBox "输入的数量不成立"
      End If
    Next i
End Sub
```

（3）执行程序，当输入总数 30、脚 100 时，运行结果如图 3-23 所示。

图 3-23 运行结果

任务 2 编写程序，通过键盘输入 a 的值，用迭代法求 a 的立方根，精度要求为 10^{-5}。

【操作步骤】

（1）建立一个新工程，修改 Form1 的 Caption 属性值为"求立方根"，在窗体上添加一个命令按钮，并将它的 Caption 属性设为"计算"。

（2）双击 Command1，进入代码编辑窗口，编写 Command1 的 Click 事件过程如下：

```
Private Sub Command1_Click()
    Dim x As Single, x0 As Single, x1 As Single, a As Single
    a = Val(InputBox("请输入一个数 a="))
    If Abs(a) < 0.000001 Then
        x = 0
    Else
        x0 = a / 2
        x1 = (2 / 3 * x0) + a / (3 * x0 ^ 2)
        Do While Abs(x1 - x0) > 0.00001
            x0 = x1
            x1 = (2 / 3 * x0) + a / (3 * x0 ^ 2)
        Loop
        x = x1
    End If
    Print a & "的立方根为:"; x
End Sub
```

（3）调试、运行程序，输入数值 8，运行结果如图 3-24 所示。

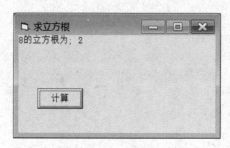

图 3-24　运行结果

任务 3　给出十个 10～100 的整数，用"选择排序法"按值从大到小顺序排序。

【操作步骤】

（1）建立一个新工程，修改 Form1 的 Caption 属性值为"选择排序法"，在窗体上添加一个命令按钮，并将它的 Caption 属性设为"排序"。

（2）双击 Command1，进入代码编辑窗口，编写 Command1 的 Click 事件过程如下：

```
Private Sub Command1_Click()
    Dim i, j As Integer
    Dim a(10) As Integer
    Dim b, c As Integer
    For i = 0 To 9
        a(i) = Int(Rnd * 90 + 10)
    Next i
    For i = 0 To 9
        b = i
        For j = i + 1 To 9
            If a(b) < a(j) Then b = j
        Next j
        c = a(b)
```

```
        a(b) = a(i)
        a(i) = c
        Print a(i);
    Next i
    Print
End Sub
```

（3）调试、运行程序，运行结果如图 3-25 所示。

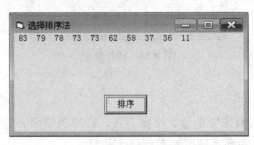

图 3-25　运行结果

任务 4　编写程序，在给定的一组数中顺序查找某个数，并显示查找结果信息。

【操作步骤】

（1）建立一个新工程，设置 Form1 的 Caption 属性值为"查找"；在窗体上添加两个标签，设置 Label1 的 Caption 属性值为"10 个随机数"；添加两个命令按钮 Command1、Command2，其 Caption 属性分别设为"查找"和"关闭"。

（2）双击 Form1，进入代码编辑窗口，编写 Form1 的 Load 事件过程如下：

```
Dim a(1 To 10) As Integer

Private Sub Form_Load()
    Randomize
    For i = 1 To 10
        a(i) = Int(Rnd * (100 - 10 + 1) + 10)
        Label1.Caption = Label1.Caption & a(i) & " "
    Next i
End Sub
```

（3）双击 Command1，进入代码编辑窗口，编写 Command1 的 Click 事件过程如下：

```
Private Sub Command1_Click()
    b = Val(InputBox("请输入要查找的数", "顺序查找"))
    For i = 1 To 10
        If b = a(i) Then f = 1: Exit For
    Next i
    If f = 1 Then
        Label2.Caption = "查找成功！" & b & "是第" & i & "个数。"
    Else
        Label2.Caption = "查找" & b & "不成功！数组中没有此数。"
    End If
End Sub
```

（4）双击 Command2，进入代码编辑窗口，编写 Command2 的 Click 事件过程如下：

```
Private Sub Command2_Click()
```

```
        End
    End Sub
```

（5）调试、运行程序，其运行界面如图3-26所示。

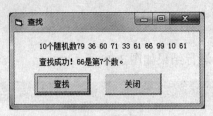

图 3-26　运行结果

四、拓展训练

1．编写程序：使用级数求π的值。根据下式，计算圆周率π的近似值，当计算到绝对值小于 0.0001 的通项时，认为满足精度要求，停止计算。

$$\frac{\pi}{4} = 1 - \frac{1}{3} + \frac{1}{5} - \frac{1}{7} + \dots + (-1)^{n+1} \frac{1}{2n-1} + \dots$$

2．约瑟夫问题：有 n 个人围成一圈，顺序排号。从第一个人开始报数（从 1 到 3 报数），凡报到 3 的人退出圈子，问最后留下的是原来排第几号的那位？

第4章 窗体和常用控件

项目1 闰年的判定程序

一、项目目标

1. 掌握命令按钮、文本框和标签对象的属性设置。
2. 掌握命令按钮 Click 事件程序的编写。
3. 掌握 MsgBox 函数或过程的用法。

二、相关知识

（1）文本框（TextBox）控件主要用于输入或显示文本信息，输入的文本存储在 Text 属性中。

（2）消息输出框既可以使用 MsgBox()函数实现，也可以使用 MsgBox 过程实现。

MsgBox 函数用法如下：MsgBox(提示[,按钮][,标题])。

MsgBox 过程用法如下：MsgBox 提示[,按钮][,标题]。

（3）标签（Label）控件主要用于在窗体上显示文本信息。常用属性有 Caption、AutoSize；常用事件有 Click。

三、项目实施步骤

任务1 设计一个如图 4-1 所示的窗体，在文本框中输入年份，判断该年份是不是闰年，结果用 MsgBox 显示。

【操作步骤】

（1）启动 Visual Basic，在"新建工程"对话框中选择"标准 EXE"。

（2）在工具箱中选择相应控件，在窗体分别建立各个对象，各对象的属性设置如表 4-1 所示。

表 4-1 对象属性设置

对象名称	属性	属性值
Form1	Caption	闰年判断
Command1	Caption	判断
Label1	Caption	输入年份
Text1	Text	空白

（3）编写命令按钮 Command1 的单击（Click）事件代码如下：

```
Private Sub Command1_Click()
    Dim year As Integer
```

```
        year = Val(Text1.Text)
        If ((year Mod 4 = 0 And year Mod 100 <> 0) Or year Mod 400 = 0) Then
            MsgBox Text1.Text & "年是闰年", , "判定结果"
        Else
            MsgBox Text1.Text & "年不是闰年", , "判定结果"
        End If
End Sub
```

程序运行结果如图 4-1 所示。

图 4-1　项目 1 运行结果

四、拓展训练

1. 如果要求使用标签输出判断结果，程序应如何修改？

2. 对于 Command1 命令按钮，如何修改程序使其实现"开始/暂停/继续"的功能？

项目 2　加减运算测试器

一、项目目标

1. 掌握文本框 KeyPress 事件编程方法。

2. 掌握图片框 Print 和 Cls 方法的使用。

3. 掌握随机函数的使用。

二、相关知识

1. 文本框

文本框有一个很重要的事件是 KeyPress 按键事件，通过 KeyAscii 参数识别所按的键，然后编写程序执行不同的操作。

按键事件由按钮触发，VB 提供了三个基本键盘事件：KeyPress、KeyDown、KeyUp。

触发条件：当某个控件获得了控制焦点，按下键盘中的任意一键，则会在该对象上触发 KeyDown 事件；当释放该键时，将触发 KeyUp 事件。键盘操作时，对拥有控制焦点的对象按下键后又释放将触发 KeyPress 事件。键盘事件将在第 9 章做更详细的介绍。

注意：键盘操作时 KeyPress 事件要区分字母的大小写，不能检测到功能键、编辑键和方向（箭头）键操作。而 KeyDown、KeyUp 事件不区分大小写，可以检测到功能键、编辑键和方向（箭头）键操作。

2. 图片框和图像框

● 图片框（PictureBox）控件的重要属性

AutoSize 属性：设置为 True 时，图片框能自动调整大小并显示。

Picture 属性：设置和返回控件中的图片，其支持的文件类型有：*.bmp、*.gif、*.ico、*.jpg、*.wmf。可以在"属性"窗口中设置，也可以通过程序代码设置，格式为：

对象名.Picture=LoadPicture(<文件名>)

其中，文件名是以引号括起来的文件名全称，包括驱动器、文件夹和文件的名称；若省略文件名，则清除控件中的图片。

可以调用图片框的 Print 方法来实现在图片框中输出相关内容。

● 图像框（Image）控件的重要属性

Stretch 属性：设置图片的大小能否适应图像框控件。

Picture 属性：Picture 属性与图片框完全相同。

● 图片框和图像框的区别

图片框既可以显示图形，也可以作为其他控件的容器，可以自动调整控件的大小以显示完整的图形，但不能延伸图形以适应控件的大小。

图像框控件只能显示图片，可以延伸图片的大小以适应控件的大小。但支持的属性、事件和方法比图片框少。

三、项目实施步骤

任务 1　设计一个加减运算测试器，单击"出题"按钮时，随机生成测试题，在文本框输入题目答案；单击"统计"按钮时，显示答题对错结果。运行结果如图 4-2 所示。

【操作步骤】

（1）启动 Visual Basic，在"新建工程"对话框中选择"标准 EXE"。

（2）在工具箱中选择相应控件，在窗体分别建立各个对象，各对象的属性设置如表 4-2 所示。

表 4-2　对象属性设置

对象名称	属性	属性值	说明
Form1	Caption	加减运算测试	
Command1	Caption	出题	
Command2	Caption	统计	
Command3	Caption	重新开始	清除图片框内容，进行下一组测试
Label1	Caption	空白	用于显示题目
	AutoSize	True	
Label2	Caption	（输入答案后按回车键）	用于提示操作方法
Picture1			
Text1		空白	用于输入答案

（3）编写各对象事件代码如下：

```
Dim result, nok, nerror As Integer
Private Sub Command1_Click()
    Dim num1, num2 As Integer
    Randomize
    num1 = Int(Rnd * 90 + 10)
```

```
        num2 = Int(Rnd * 90 + 10)
        nop = Int(Rnd * 2 + 1)
        If nop = 1 Then
            op = "+"
            result = num1 + num2
        Else
            op = "-"
            result = num1 - num2
        End If
        Label1.Caption = num1 & op & num2 & "="
        Text1.SetFocus
    End Sub
    Private Sub Command2_Click()
        Label1.Caption = ""
        Picture1.Print "-----------------"
        Picture1.Print "一共做了" & (nok + nerror) & "道题"
        Picture1.Print "做对了" & nok & "道题"
        Picture1.Print "做错了" & nerror & "道题"
    End Sub
    Private Sub Command3_Click()
        Picture1.Cls
    End Sub
    Private Sub Form_Activate()
        Command1.SetFocus
    End Sub
    Private Sub Text1_KeyPress(KeyAscii As Integer)
        If KeyAscii = 13 Then
            If Val(Text1.Text) = result Then
                Picture1.Print Label1.Caption; Text1.Text; Tab(12); " √ "
                nok = nok + 1
            Else
                Picture1.Print Label1.Caption; Text1.Text; Tab(12); "×"
                nerror = nerror + 1
            End If
            Text1.Text = ""
            Command1.SetFocus
        End If
    End Sub
```

程序结果如图 4-2 所示。

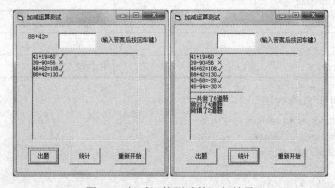

图 4-2　加减运算测试的运行结果

四、拓展训练

如果不使用图片框，而直接在窗体上输出结果，该如何改写程序？

项目 3 信号灯设置程序

一、项目目标

1．掌握形状和计时器对象的属性设置。

2．掌握计时器对象 Timer 事件编程方法。

二、相关知识

1．计时器

计时器（Timer）控件又称时钟控件，该控件在设计时可见，运行时则不可见，可以每隔一定的时间就产生一次 Timer 事件，编程时，将需要不断重复执行的程序段写到 Timer 事件中。其最重要的属性 Interval，用于设置计时器控件触发事件的时间间隔。属性 Enabled 决定程序运行时计时器是否启动。

2．形状

形状（Shape）控件主要用于输出矩形（正方形）与圆角矩形（正方形）、椭圆与圆等几何图形。常用的属性 Shape 决定图形的形状。

3．rgb 函数

关于颜色，可以调用 rgb 函数来实现，rgb 函数用法如下：RGB(red, green, blue)。

其中：

red 必选。0～255 间的整数，代表颜色中的红色成分。

green 必选。0～255 间的整数，代表颜色中的绿色成分。

blue 必选。0～255 间的整数，代表颜色中的蓝色成分。

另外，也可以使用 Visual Basic 中表示颜色的常量，常见的表示颜色的常量如表 4-3 所示。

表 4-3　表示颜色的常量

文字常量	颜　色
vbBlack	黑
vbRed	红
vbGreen	绿
vbYellow	黄
vbBlue	蓝
vbMagenta	洋红
vbCyan	青
vbWhite	白

三、项目实施步骤

任务 1　设计一个交通信号灯控制窗体，当单击"开始"按钮时，三种信号灯（红、黄、绿）延迟一定时间顺序显示，按钮标题变为"结束"；当单击"结束"按钮时，停止信号灯显示；当单击"退出"按钮时，结束程序运行。程序运行结果如图 4-3 所示。

【操作步骤】

（1）启动 Visual Basic，在"新建工程"对话框中选择"标准 EXE"。

（2）在工具箱中选择相应控件，在窗体分别建立各个对象，各对象的属性设置如表 4-4 所示。

表 4-4　对象属性设置

对象名称	属性	属性值	说明
Form1	Caption	信号灯设置演示	
Command1	Caption	开始/结束	控制信号灯的起止
Command2	Caption	退出	
Timer1	Enabled	False	禁止工作
Shape1	Shape	4	圆角矩形
	BorderWidth	2	边框宽度
Shape2	Shape	3	圆
	BackStyle	1	背景不透明
Shape3	Shape	3	圆
	BackStyle	1	背景不透明
Shape4	Shape	3	圆
	BackStyle	1	背景不透明

（3）编写各对象事件代码如下：

```
Dim sec As Integer
Private Sub Form_Load()
    Shape2.BackColor = vbBlack
    Shape3.BackColor = vbBlack
    Shape4.BackColor = vbBlack
End Sub
Private Sub Command1_Click()
    If Command1.Caption = "开始" Then
        Command1.Caption = "结束"
        Timer1.Interval = 1
        Timer1.Enabled = True
    Else
        Command1.Caption = "开始"
        Timer1.Enabled = False
        sec = 0
        Shape2.BackColor = vbBlack
        Shape3.BackColor = vbBlack
        Shape4.BackColor = vbBlack
    End If
End Sub
```

```
Private Sub Timer1_Timer()
    Select Case sec Mod 3
        Case 0
            Timer1.Interval = 3000          '延迟 3 秒
            Shape2.BackColor = vbRed
            Shape3.BackColor = vbBlack
            Shape4.BackColor = vbBlack
        Case 1
            Timer1.Interval = 3000
            Shape2.BackColor = vbBlack
            Shape3.BackColor = vbYellow
            Shape4.BackColor = vbBlack
        Case 2
            Timer1.Interval = 3000
            Shape2.BackColor = vbBlack
            Shape3.BackColor = vbBlack
            Shape4.BackColor = vbGreen
    End Select
    sec = sec + 1
End Sub
Private Sub Command2_Click()
    End
End Sub
```

程序运行结果如图 4-3 所示。

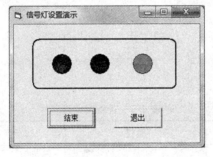

图 4-3　运行结果

四、拓展训练

1. 对于延迟时间，如果允许自由设定，程序该如何修改？

2. 对于 Command1 命令按钮，如何修改程序使其实现"开始/暂停/继续"的功能？

项目 4　医生处方程序

一、项目目标

1. 掌握组合框、列表框和滚动条控件的属性设置。

2. 掌握组合框、列表框和滚动条控件的事件和方法程序的编写。

3．掌握选项按钮的程序代码编写。

二、相关知识

1．列表框与组合框

列表框与组合框主要用于显示项目列表，供用户从中选择一项或多项。

（1）列表框（ListBox）控件的主要特点是只能从其中选择，不能输入或修改其中的内容。常用属性有 List、ListCount、ListIndex。

（2）组合框（ComboBox）控件是由文本框与列表框组合而成的控件，可以通过 Style 属性设置它的 3 种不同类型：0（下拉组合框）、1（简单组合框）、3（下拉列表框）。

组合框中可以输入新的列表项，既可以在设计时输入，也可以调用 AddItem 方法添加。

（3）列表框与组合框常用的方法：AddItem 添加项目，RemoveItem 删除项目。

（4）列表框与组合框常用的事件：Click、DbClick。组合框还有一个重要的事件 Change。

2．选项按钮

选项按钮（OptionGroup）控件重要属性 Value 的值可为真（True）或假（False）。

3．滚动条

滚动条控件分为水平滚动条和垂直滚动条，其常用的属性有 Max、Min、LargeChange、SmallChange 和 Value。常用事件有 Scroll、Change。

三、项目实施步骤

任务 1 编写一个医生处方程序，允许用户添加新的药物，选择药物和剂量并添加到列表框中。

【操作步骤】

（1）启动 Visual Basic，在"新建工程"对话框中选择"标准 EXE"。

（2）在工具箱中选择相应控件，在窗体分别建立各个对象，各对象的属性设置如表 4-5 所示。

表 4-5 对象属性设置

对象名称	属性	属性值
Form1	Caption	医生处方
Command1	Caption	添加
Command2	Caption	删除
Label1	Caption	中草药
Label2	Caption	剂量(单位:g)
Label3	Caption	医生处方
Combo1		
Text1	Text	空白
List1		

（3）编写各对象事件代码如下：

```
Private Sub Form_Load()
```

```
        Combo1.AddItem "麻黄"
        Combo1.AddItem "桂枝"
        Combo1.AddItem "杏仁"
        Combo1.AddItem "甘草"
        Combo1.AddItem "金银花"
        Combo1.AddItem "茯苓"
        Combo1.AddItem "金钱草"
        Combo1.Text = Combo1.List(0)
    End Sub
'输入中草药名称后按回车键，判断该中草药是否存在，若不存在，则添加进去
    Private Sub Combo1_KeyPress(KeyAscii As Integer)
        Dim Flag As Boolean, i As Integer
        If KeyAscii = 13 Then
            Flag = False
            For i = 0 To Combo1.ListCount - 1
                If Combo1.List(i) = Combo1.Text Then
                    Flag = True
                End If
            Next i
            If Flag = False Then Combo1.AddItem Combo1.Text
        End If
    End Sub
    Private Sub Command1_Click()
        List1.AddItem Combo1.Text & " " & Text1.Text & "g"
    End Sub
    Private Sub Command2_Click()
        List1.RemoveItem List1.ListIndex
    End Sub
```

程序结果如图 4-4 所示。

图 4-4 运行结果

任务 2 设计一个如图 4-5 所示的窗体，窗体与控件属性设置如表 4-6 所示。程序运行时，拖动滚动条查看形状颜色变化，同时显示当前颜色值。

表 4-6 对象属性设置

对象名称	属性	属性值	说明
Form1	Caption	颜色改变	
	BackColor	白色	
Label1	Caption	色彩值：	
	BackStyle	0-Transparent	
Label2	AutoSize	True	自动大小，用于显示颜色当前值
	BackStyle	0-Transparent	

续表

对象名称	属性	属性值	说明
Shape1	Shape	3-Circle	形状：圆
	BorderColor	&H000000FF&	边框色
	FillColor	&H000000FF&	填充色
	FillStyle	0-Solid	填充样式
HScroll1	Min	0	最小值
	Max	255	最大值

（1）启动 Visual Basic，在"新建工程"对话框中选择"标准 EXE"。

（2）在工具箱中选择相应控件，在窗体添加两个标签、一个形状和一个水平滚动条，按表 4-5 所示设置各对象的属性。

（3）编写程序代码如下：

```
Private Sub HScroll1_Scroll()
    Shape1.FillColor = HScroll1.Value
    Label2.Caption = HScroll1.Value
End Sub
```

程序运行结果如图 4-5 所示。

图 4-5　运行结果

四、拓展训练

1. 对任务 1 可以通过设置命令按钮的 Enabled=False，使得在没有选中删除项之前"删除"按钮是灰色不可用；选中删除项时，设置命令按钮的 Enabled=True，使得"删除"按钮可用，删除之后，设置命令按钮的 Enabled=False，使得"删除"按钮又变回不可用状态。

2. 设计一个如图 4-6 所示的窗体，窗体与控件属性设置如表 4-7 所示。程序运行时，在文本框中输入学号、姓名、出生年月，利用选项按钮选择性别，在组合框中选择院系，单击"确定"按钮，输入的结果添加到列表框中。若单击"重新输入"按钮，则重新输入学生信息。

表 4-7　对象属性设置

对象名称	属性	属性值	说明
Form1	Caption	学生简明信息	
Command1	Caption	确定	
Command2	Caption	重新输入	清除文本框内容，定位在 Text1 重新输入

续表

对象名称	属性	属性值	说明
Label1	Caption	学号	
Label2	Caption	姓名	
Label3	Caption	出生年月	
Label4	Caption	院系	
Text1	Text	空白	用于输入学号
Text2	Text	空白	用于输入姓名
Text3	Text	空白	用于输入出生年月
Frame1	Caption	性别	作为 Option1、Option2 的容器
Option1	Caption	男	
Option2	Caption	女	
Combo1	Style	0-DropDown	下拉组合框，用于选择院系
List1			用于显示已输入的信息

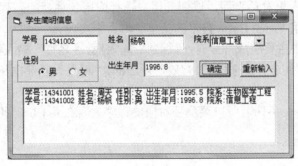

图 4-6 学生简明信息

3. 设计如图 4-7 所示的窗体，单击"右移"按钮，将列表框 List1 中选定的项目移到列表框 List2 中；单击"左移"按钮，将列表框 List2 中选定的项目移到列表框 List1 中；单击"退出"按钮程序结束运行。

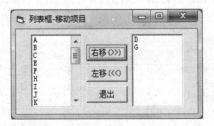

图 4-7 移动项目

第 5 章　应用界面设计

项目 1　菜单设计

一、项目目标

1. 掌握利用菜单编辑器建立菜单。
2. 掌握菜单项对应程序的编写。

二、相关知识

1. 菜单编辑器

菜单为软件提供人机对话界面，以便让用户选择应用各种功能。程序设计中需要往窗体上添加菜单时，可使用 Visual Basic 自带的菜单编辑器来实现。

"菜单编辑器"中主要组成部分有："标题"输入框、"名称"输入框、"索引"输入框、"快捷键"输入框、"复选"复选框、"有效"复选框、"可见"复选框和箭头按钮等。

2. 菜单编程

菜单只能识别 Click 事件，所以菜单项对应的程序就写在其 Click 事件中。

三、项目实施步骤

任务 1　简单菜单设计。

【操作步骤】

（1）启动 VB 新建工程，选择"标准 EXE"，进入 Visual Basic 6.0 集成开发环境。

（2）单击"文件"菜单，选择"保存工程"菜单项，保存该工程。

（3）用户界面（窗体 Form1）设计：在窗体上拖放一个 Text 控件，在窗体上单击右键，选择"菜单编辑器"命令，打开"菜单编辑器"对话框。设计菜单如图 5-1 所示。

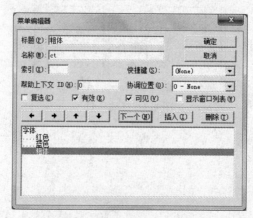

图 5-1　任务 1 的菜单设计结果

（4）源程序代码设计。单击当前菜单项，进入源代码编辑窗口。编写如下代码：

```
Private Sub blue_Click()
    Text1.ForeColor = vbBlue
End Sub
Private Sub red_Click()
    Text1.ForeColor = vbRed
End Sub
Private Sub ct_Click()
  If ct.Checked = True Then
    ct.Checked = False
    Text1.FontBold = False
  Else
    ct.Checked = True
    Text1.FontBold = True
  End If
End Sub
```

（5）运行程序，结果如图 5-2 所示。

图 5-2　任务 1 的运行结果

任务 2　制作弹出菜单。

【操作步骤】

（1）打开任务 1 保存的工程文件。

（2）进入菜单编辑器。

（3）选中"字体"主菜单，去除"可见"复选框的勾选。

（4）源程序代码设计。双击窗体进入源代码编辑窗口，增加 Form_MouseDown 事件代码
如下：

```
Private Sub Form_MouseDown(Button As Integer, Shift As Integer, X As Single, Y As Single)
    If Button = 2 Then
        PopupMenu zt
    End If
End Sub
```

（5）运行程序，结果如图 5-3 所示。

图 5-3　任务 2 的运行结果

四、拓展训练

1．在设计菜单时，考虑如何添加菜单项的快捷键和热键。

2．在设计弹出菜单时，可以利用 PopupMenu 方法的 Flags 参数指定弹出菜单的位置及行为。利用 X，Y 参数指定弹出菜单在窗体上的显示位置。

项目 2　通用对话框控件

一、项目目标

1．掌握通用对话框控件的添加方法。

2．掌握通用对话框控件 Action 属性的设置。

3．掌握通用对话框控件 Show 方法的使用。

二、相关知识

1．通用对话框

通用对话框控件属于 ActiveX 控件，可通过选择"工程"菜单的"部件"命令来添加，通用对话框控件为用户提供了一组标准的系统对话框，这些对话框仅用于返回信息，要真正实现打开和保存文件等操作，还需要通过编程来实现。

2．通用对话框样式

通用对话框共有 6 种样式。由于在程序运行时通用对话框控件被隐藏，因此若要在程序中显示通用对话框，必须对控件的 Action 属性值进行设置，或调用 Show 方法来选择。

三、项目实施步骤

任务 1　通过通用对话框改变窗体背景颜色。

【操作步骤】

（1）启动 VB 新建工程，选择"标准 EXE"，进入 Visual Basic 6.0 集成开发环境。

（2）单击"文件"菜单，选择"保存工程"菜单项，保存该工程。

（3）用户界面（窗体 Form1）设计：选择"工程"菜单的"部件"菜单项，打开"部件"对话框，选定"Microsoft Common Dialog Control 6.0"，单击"确定"按钮即可将通用对话框控件添加到控件工具箱中。在窗体上拖放一个 CommonDialog 控件，一个 Command 控件，其 Caption 属性设置为"设置窗体背景色"。

（4）源程序代码设计。双击 Command1 命令按钮进入源代码编辑窗口，在 Command1_Click 事件中编写如下代码：

```
Private Sub Command1_Click()
    CommonDialog1.ShowColor
    Form1.BackColor = CommonDialog1.Color
End Sub
```

任务 2　通过打开通用对话框选择图片。

【操作步骤】

（1）启动 VB 新建工程，选择"标准 EXE"，进入 Visual Basic 6.0 集成开发环境。

（2）单击"文件"菜单，选择"保存工程"菜单项，保存该工程。

（3）用户界面（窗体 Form1）设计：选择"工程"菜单的"部件"，打开"部件"对话框，选定"Microsoft Common Dialog Control 6.0"，单击"确定"按钮即可将通用对话框控件添加到控件工具箱中。在窗体上拖放一个 CommonDialog 控件，一个 Command 控件，其 Caption 属性设置为"选择图片"，一个 Image 控件，其 Stretch 属性设置为 True。

（4）源程序代码设计。双击 Command1 命令按钮进入源代码编辑窗口。在事件 Command1_Click 中编写如下代码：

```
Private Sub Command1_Click()
    CommonDialog1.Filter = "图片文件(*.jpg)|*.jpg"
    CommonDialog1.ShowOpen
    Image1.Picture = LoadPicture(CommonDialog1.FileName)
End Sub
```

（5）运行程序，结果如图 5-4 所示。

图 5-4　任务 2 的运行结果

四、拓展训练

1. 在代码中，除了使用 CommonDialog 的 Show 方法之外，还可以使用 Action 属性打开颜色对话框，即设置 CommonDialog1.Action = 3。

2. 在"打开"对话框的属性中，"Filter"是过滤器，用于指定在对话框的文件类型列表框中所要显示的文件类型。如：选择过滤器为***.txt**，表示显示所有的文本文件。通常给每个过滤器一个描述，并使用管道符号"**|**"将过滤器描述和过滤器隔开。如：下列代码用于设置一个过滤器，其允许打开"文本文件(*.txt)"：文本文件(*.txt) |*.txt。

第 6 章　过程

项目 1　函数过程和 Sub 过程的运用

一、项目目标

1. 掌握自定义函数和子过程的定义方法和调用方法。
2. 掌握参数的按值传递和按地址传递的两种方式。
3. 熟悉递归函数的定义方法和求解方法。
4. 熟练使用函数、过程来简化程序设计。

二、相关知识

VB 应用程序是由过程组成的，过程是完成某种特殊功能的一组独立的程序代码，分为两大类：

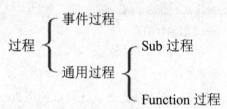

1. Sub 过程的定义、建立和调用

（1）Sub 过程的定义

格式：**[Private | Public | Static] Sub 过程名([参数表])**

　　　　　语句块

　　　　　　[Exit Sub]

　　　End Sub

（2）Sub 过程的建立

Sub 过程既可以在窗体模块（.frm）中建立，也可以在标准模块（.bas）中建立。

（3）Sub 过程的调用

调用 Sub 过程有以下两种方法：

● 使用 Call 语句。格式：Call 过程名[(实参表)]

● 直接使用过程名。格式：过程名[实参表]

2. Function 过程的定义、建立和调用

（1）Function 过程的定义

Visual Basic 函数分为内部函数和外部函数，外部函数是用户根据需要用 Function 关键字定义的函数过程，与 Sub 过程不同的是 Function 过程将返回一个值。

格式：**[Public|Private][Static]Function　函数名([<参数列表>])[As<类型>]**

   <局部变量或常数定义>

   <语句块>

   [函数名=返回值]

  [Exit Function]

  <语句块>

  [函数名=返回值]

  End Function

（2）Function 过程的建立

与 Sub 过程相同。既可以在代码编辑窗口中直接输入来建立 Function 过程；也可以选择"工具"菜单中的"添加过程"命令来建立 Function 过程（选择"函数"类型）。

（3）Function 过程的调用

● 直接调用：像使用 VB 内部函数一样，只需写出函数名和相应的参数即可。

● 用 Call 语句调用：采用这种方法调用 Function 过程时，将会放弃返回值。

3．参数传递

形式参数（简称形参）：指的是被调用过程中的参数。出现在 Sub 过程或 Function 过程中。

实际参数（简称实参）：是调用过程中的参数。写在子过程名或函数名后括号内，其作用是将实参数据传送给形参。形参表和实参表中的对应变量名可以不同，但实参和形参的个数、顺序以及数据类型必须相同。

参数传递有两种方式：按值传递和按地址传递。

按地址传递（关键字 ByRef）：是 VB 默认的参数传递方式，即形参与实参使用相同的内存地址单元。形参得到的是实参的地址，当形参值改变的同时也改变实参的值。

按值传递（关键字 ByVal）：通过常量传递实际参数，即将实参的值复制给形参。在通用过程中对形参的任何操作都不会影响实参。

4．递归

一个过程调用过程本身，就称为过程的**递归**调用。

用递归方法来解决问题时，必须符合以下两个条件：

（1）可以把要解的问题转化为一个新的问题，而这个新的问题的解法仍与原来的解法相同。

（2）有一个明确的结束递归的条件（终止条件），否则过程将永远"递归"下去。

三、项目实施步骤

任务 1　计算 5! + 10!。

分析：因为计算 5!和 10!都要用到求阶乘 n!（n!＝1×2×3×…×n），所以可把计算 n!编成子过程或者函数。采用 Print 方法直接在窗体上输出结果。

【操作步骤】

（1）启动 VB 新建一个工程，选择"标准 EXE"，单击"打开"按钮，进入 Visual Basic 6.0 集成开发环境。

（2）编写窗体 Form1 的 Load 过程代码如下：

```
Private Sub Form_Load()
    Show
```

```
        Dim y As Long, s As Long
        Call    Jc(5, y)
        s = y
        Call    Jc(10, y)
        s = s + y
        Print "5! + 10! ="; s
    End Sub
    Private Sub Jc(n As Integer, t As Long)
        Dim i As Integer
        t = 1
        For i = 1 To n
            t = t * i
        Next i
    End Sub
```

（3）单击"文件"菜单，选择"保存工程"菜单项，保存该工程。

注意：参数 n 和 t 的不同，n 是带入参数，t 是结果参数。

程序运行结果：

```
5! + 10! = 3628920
```

在这里，计算 n!也可以用递归的方法来实现。

```
    Private function Jc(n As Integer)
        If n > 1 Then
            Jc = n * Jc (n - 1)          '递归调用
        Else
            Jc = 1                       'n=1 时，结束递归
        End If
    End Function
```

思考一下，如果用递归方法来编写求 n!的话，能不能用 Sub 子过程来实现？

任务 2   编写一个判断是否为素数的函数，求任意输入的一个数是否为素数。

分析：只能被 1 或自身整除的数称为素数。基本思想：把 m 作为被除数，将 2～Int((sqr(m)) 作为除数，如果都除不尽，m 就是素数，否则就不是。

【操作步骤】

（1）启动 VB 新建一个工程，选择"标准 EXE"，单击"打开"按钮，进入 Visual Basic 6.0 集成开发环境。

（2）编写窗体 Form1 的 Click 过程代码如下：

```
    Private Sub Form_Click()
        m =val(InputBox("请输入一个数"))
        For i=2 To int(sqr(m))
                If m Mod i = 0 Then Exit For
        Next i
        If i > int(sqr(m)) Then
                Print   "该数是素数"
        Else
                Print   "该数不是素数"
        End If
    End Sub
```

（3）在"文件"菜单中选择"保存工程"菜单项，保存该工程。

将其写成一函数，若为素数返回 True，若不是则返回 False。

```
Private Function Prime (m as Integer) As Boolean
    Dim i%
        Prime=True
        For i=2 To int(sqr(m))
            If   m Mod i = 0   Then      Prime=False:Exit For
        Next i
End Function
```

任务 3　编写程序并调用函数或子过程，能实现不同进制数据之间的相互转换。从键盘输入待转换的数据，将转换结果显示在文本框中。

【操作步骤】

（1）启动 VB 新建一个工程，选择"标准 EXE"，单击"打开"按钮，进入 Visual Basic 6.0 集成开发环境。

（2）单击"文件"菜单，选择"保存工程"菜单项，保存该工程。

（3）各对象的属性设置如表 6-1 所示，整体界面如图 6-1 所示。

表 6-1　属性设置

对象名	属性名	属性值
Form1	Caption	数制转换
Frame1	Caption	选择进制：
Label1	Caption	请输入十进制数：
Option1	Caption	二进制
Option2	Caption	八进制
Option3	Caption	十六进制
Command1	Caption	转换
Text1	Text	（空）
Text2	Text	（空）

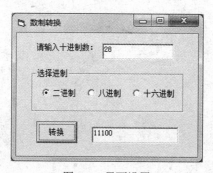

图 6-1　界面设置

（4）编写源代码如下：

```
Dim x%, y%
Private Sub Command1_Click()
```

```
    x = Val(Text1)
    If Text1 = "" Then
        MsgBox "请先输入一个十进制数！"
        Text1.SetFocus
        Exit Sub
    End If
    If Option1 = False And Option2 = False And Option3 = False Then
        MsgBox "请选择进制"
        Exit Sub
    End If
    If Option1.Value = True Then
        y = 2
    ElseIf Option2.Value = True Then
        y = 8
    ElseIf Option3.Value = True Then
        y = 16
    End If
    Text2 = convert(x, y)
End Sub

Private Sub Form_Load()
    Text1.Text = ""
    Text2 = ""
    Option1.Value = False
    Option2.Value = False
    Option3.Value = False
End Sub

Public Function convert (ByVal a%, ByVal b%) As String
    Dim str$, temp%
    str = ""
    Do While a <> 0
        temp = a Mod b
        a = a \ b
        If temp >= 10 Then
            str = Chr(temp - 10 + 65) & str
        Else
            str = temp & str
        End If
    Loop
    convert = str
End Function
```

调试该程序，查看运行结果。

任务 4　编写一个求两个整数的最大公约数、最小公倍数的子过程，从键盘任意输入两个整数，调用此子过程，在窗体上输出这两个整数的最大公约数和最小公倍数。

分析：求最大公约数的算法思想：

①已知两数 m，n，使得 m>n；

②m 除以 n 得余数 r；

③若 r=0，则 n 为求得的最大公约数，算法结束；否则执行（4）；

④m←n，n←r，再重复执行（2）。

最小公倍数=两个整数之积/最大公约数。

例如：求 m=14，n=6 的最大公约数。

```
m    n    r
14   6    2
6    2    0
```

【操作步骤】

（1）启动 VB 新建一个工程，选择"标准 EXE"，单击"打开"按钮，进入 Visual Basic 6.0 集成开发环境。

（2）单击"文件"菜单，选择"保存工程"菜单项，保存该工程。

（3）编写源代码如下：

```vb
Dim m As Integer, n As Integer
Dim gy As Integer, gb As Integer
Private Sub Form_Load ()
    Show
    m=inputBox("m=")
    n=inputBox("n=")
    Call gygb(m, n, gy, gb)
    Print "最大公约数=", gy
    Print "最小公倍数=", gb
End Sub


Private sub gygb(m as integer, n as integer, gy as integer, gb as integer)
    s=n*m
    If m < n Then t = m: m = n: n = t
        r= m mod n
        Do While r<> 0
        m=n
        n=r
        r= m mod n
    Loop
    gy=n
gb= s/n
End sub
```

运行程序，查看结果。

四、拓展训练

1. 读程序，填空

① 编写一个计算矩形面积的 Sub 过程，然后调用该过程计算矩形面积。

```vb
Private Sub Form_Click( )
    Dim A as Single, B As ___(1)___
        A = Val (InputBox("What is the length? "))
```

```
        B =Val (InputBox ("What is the width? "))
     Call Recarea (____(2)____ , B)
  End Sub
  Sub Recarea(Rlen As Single, Rwid As Single)
     Dim Area as Single
     Area =____(3)____
     MsgBox "Total Area is " &   ____(4)____   '输出矩形面积
  End Sub
```

（1）_____ （2）_____

（3）_____ （4）_____

② 在窗体上画一个名称为 Command1 的命令按钮，并编写如下程序：

```
Private Sub Command1_Click()
    Dim x As Integer
    Static y As Integer
    x=10
    y=5
    Call f1(x,y)
    Print x,y
End Sub
Private Sub f1(ByRef x1 As Integer, y1 As Integer)
    x1=x1+2
    y1=y1+2
End Sub
```

程序运行后，单击命令按钮，在窗体上显示的内容是_____。

2．编程题

① 编写一个检查n*n的二维数组是否对称的函数，若对称则函数返回 True，否则返回False，输入任一个 n*n 的矩阵，判断其对称性。

② 编写一个将数组按关键字从小到大排列的排序过程并输出，通过过程调用将输入的任意数组进行排序，并显示该数组排序前后的值。

第 7 章　数据库应用

项目 1　可视化数据管理器（VisData）及 Data 控件的使用

一、项目目标

1. 利用可视化数据管理器（VisData）实现数据库、数据库表的创建、修改与查询。
2. 能够使用 Data 控件创建数据库浏览器，并实现数据的增加、删除、修改功能。

二、相关知识

1. 数据库

数据库（DataBase，简称 DB）指的是长期存储在计算机内、有组织、可共享、大量数据的集合。数据是按照特定的数据模型组织、存储在数据库中的。

2. 关系数据库

关系数据库是以关系模型为基础的数据库。**关系模型**是用二维表来表示实体（客观存在并可以相互区分的事物称为实体）以及实体之间联系的数据模型。表可看作一组行和列的组合。表中的每一行称为一条**记录**，每一列称为一个**字段**。每个表都应有一个主关键字，**主关键字**可唯一标识表中的记录。

3. 可视化数据管理器（VisData）

可视化数据管理器（VisData）既可以独立使用，也可以在 VB 集成环境下使用。VisData 对数据库的操作包括建立数据库、数据表和数据的编辑工作。

4. 数据控件——Data 控件

（1）Data 控件是 VB 访问数据库的标准数据控件，要利用其返回数据库中的记录集，应通过设置其相关属性连接要访问的数据资源。Data 控件连接设置如表 7-1 所示。

表 7-1　Data 控件连接设置

属性	属性说明
Connect	指定数据控件所要连接的数据库类型
DatabaseName	指定具体使用的数据库文件名，包括所有的路径名
RecordSource	确定具体可访问的数据，这些数据构成记录集对象 Recordset
RecordType	确定记录集类型

在 Visual Basic 中，Data 控件本身不能直接显示记录集中的数据，必须通过能与它绑定的控件来实现。数据库、数据控件、绑定控件三者关系如图 7-1 所示。可与 Data 控件绑定的控件对象有文本框、标签、图像框、图形框、列表框、组合框、复选框、网格、DB 列表框、DB

组合框、DB 网格和 OLE 容器等。绑定控件重要属性如表 7-2 所示。

图 7-1   数据库、数据控件、绑定控件三者关系

表 7-2   绑定控件属性

属性	属性说明
DataSource	指定一个有效的数据控件连接到一个数据库
DataField	设置数据库的有效字段与绑定控件建立联系

（2）Data 控件常用事件

● Reposition 事件

Reposition 事件发生在一条记录成为当前记录后，只要改变记录集的指针使其从一条记录移到另一条记录，就会产生 Reposition 事件。通常，可以在这个事件中显示当前指针的位置。

● Validate 事件

当移动记录指针、修改与删除记录前或卸载含有数据控件的窗体时都触发 Validate 事件。它通过 Save 参数（True 或 False）判断是否有数据发生变化，通过 Action 参数判断哪一种操作触发了 Validate 事件。Action 参数描述如表 7-3 所示

表 7-3   Validate 事件的 Action 参数描述

Action 值	描述	Action 值	描述
0	取消对数据控件的操作	6	Update
1	MoveFirst	7	Delete
2	MovePrevious	8	Find
3	MoveNext	9	设置 Bookmark
4	MoveLast	10	Close
5	AddNew	11	卸载窗体

（3）Data 控件常用方法及 Recordset 的常用属性和方法

● Refresh 方法

如果在设计状态没有为打开数据库控件的有关属性全部赋值，或者当 RecordSource 在运行时被改变后，必须使用 Data 控件的 Refresh 方法激活这些变化。

● UpdateControls 方法

UpdateControls 方法可以将数据从数据库中重新读到被数据控件绑定的控件内，因而可使用 UpdateControls 方法终止用户对绑定控件内数据的修改。

● Recordset 的 AbsolutePosition 属性

AbsolutePosition 返回当前指针值，如果是第 1 条记录，其值为 0，该属性为只读属性。

● Recordset 的 Bof 和 Eof 属性

Bof 判定记录指针是否在首记录之前，若 Bof 为 True，则当前位置位于记录集的第 1 条记

录之前。与此类似，Eof 判定记录指针是否在末记录之后。

● Recordset 的 RecordCount 属性

RecordCount 属性对 Recordset 对象中的记录计数，该属性为只读属性。

● Recordset 的 Move 方法

使用 Move 方法可代替对 Data 控件对象的 4 个箭头按钮的操作来遍历整个记录集。

MoveFirst 方法：移至第一条记录。

MoveLast 方法：移至最后一条记录。

MoveNext 方法：移至下一条记录。

MovePrevious 方法：移至上一条记录。

Move [n] 方法：向前或向后移 n 条记录，n 为指定的数值。

● Recordset 的增、删、改操作

对数据库记录的增、删、改操作需要使用 AddNew、Delete、Edit、Update 和 Refresh 方法。

语法格式为：

数据控件.记录集.方法名

三、项目实施步骤

任务 1 利用可视化数据管理器（VisData）创建名为"学生信息管理.mdb"的 Access 数据库，包含一张"学生"表。程序运行界面如图 7-2 所示。

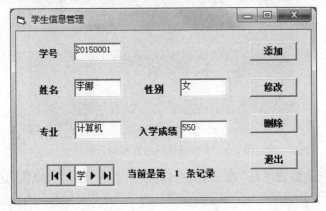

图 7-2 运行界面

数据表结构与表记录如表 7-4、表 7-5 所示。

表 7-4 "学生"表结构

字段名称	类型	大小	长度	是否允许零长度
学号	Text	8	固定长度	否
姓名	Text	8	可变长度	否
性别	Text	2	固定长度	否
专业	Text	20	可变长度	否
入学成绩	Single	4	固定长度	否

表 7-5   "学生"表记录

学号	姓名	性别	专业	入学成绩
20150001	李娜	女	计算机	550
20150002	万安宁	女	对外汉语	578
20150003	王维胜	男	药学	605
20150004	张光磊	男	对外汉语	565
20150005	朱亮	男	药学	589

【操作步骤】

1. 启动 VisData，新建数据库"学生信息管理.mdb"

（1）启动"Microsoft Visual Basic 6.0 中文版"，在"新建 1.工程"对话框中选择"标准 EXE"项，进入 Visual Basic 运行环境。

（2）选择"外接程序"→"可视化数据管理器"，打开"可视化数据管理器"窗口，如图 7-3 所示。

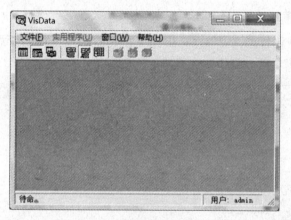

图 7-3   "可视化数据管理器"窗口

（3）在"可视化数据管理器"窗口中，选择"文件"→"新建"→Microsoft Access→Version 7.0 MDB 命令，打开"新建数据库"窗口，创建名为"学生信息管理"的数据库，如图 7-4 所示。

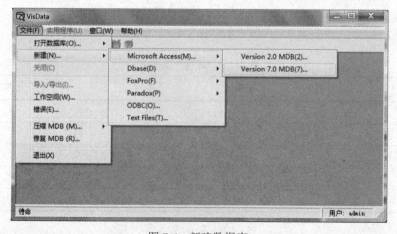

图 7-4   新建数据库

2. 新建"学生表"

（1）在打开的"数据库"窗口中右击 Properties 项，选择"新建表"菜单项，如图 7-5 所示，打开一个"表结构"对话框，并在"表名称"中输入表名：学生，如图 7-6 所示。

图 7-5 "数据库"窗口

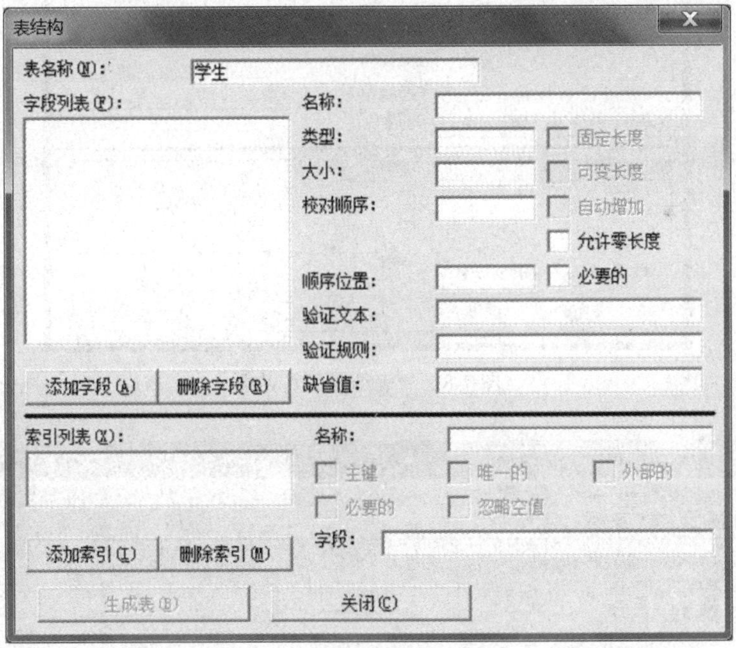

图 7-6 "表结构"对话框

（2）在"表结构"对话框中，单击"添加字段"按钮，打开"添加字段"对话框，按照表 7-4 设定的字段参数依次添加 5 个字段，如图 7-7 所示。

（3）添加完 5 个字段后，如图 7-8 所示，单击"生成表"按钮生成"学生"表。

（4）选择表记录集的打开方式，双击表名，出现数据窗口，单击"添加"按钮，如图 7-9 所示，向表中添加数据（表中的数据可参考表 7-5）。

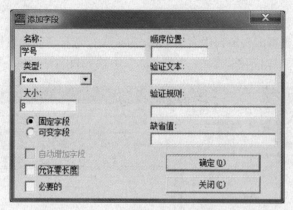

图 7-7 "添加字段"对话框

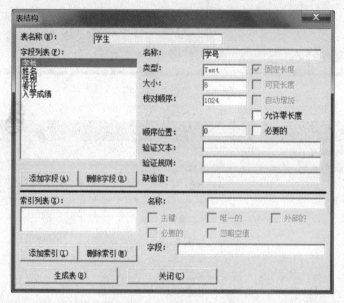

图 7-8 "表结构"对话框

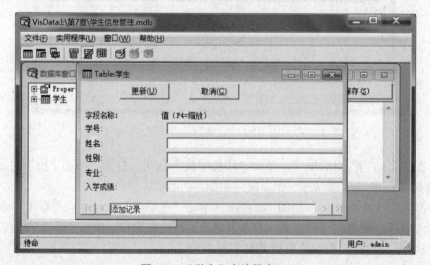

图 7-9 "学生"表编辑窗口

（5）每条记录添加完成后单击对话框中的"更新"按钮确定。所有数据输入结束后即完成"学生"表的创建。

任务 2 对任务 1 建立的数据库，编写一个简单的数据库应用程序，用文本框绑定 Data 控件访问数据库，并实现数据的增、删、改功能，运行界面如图 7-2 所示。

【操作步骤】

（1）在任务 1 中已经新建的窗体上添加 5 个文本框、8 个标签、4 个按钮和 1 个 Data 控件。

①5 个文本框控件的属性设置见表 7-6。

表 7-6 文本框控件属性

名称	Text	DataSource	DataField
TxtId	空	Data1	学号
TxtName	空	Data1	姓名
TxtSpe	空	Data1	专业
TxtSex	空	Data1	性别
TxtGrade	空	Data1	入学成绩

②8 个标签的 Caption 属性设置见表 7-7。程序运行时通过代码使 Label7 显示记录集当前指针的位置，Label7 属性初始状态为空。

表 7-7 标签控件属性

名称	Caption	名称	Caption
Label1	学号	Label5	当前是第
Label2	姓名	Label6	条记录
Label3	性别	Label7	空
Label4	专业	Label8	入学成绩

③4 个按钮的 Caption 属性设置见表 7-8。

表 7-8 按钮控件属性

名称	Caption	名称	Caption
AddCmd	添加	DelCmd	删除
EditCmd	修改	ExitCmd	退出

④对 Data1 控件属性做如下设置：

DatabaseName：I:\第 7 章\学生信息管理.mdb。

RecordSource：学生。

（2）编写如下代码：

```
Private Sub Form_Load()
    '窗体加载时，Data1 的 Caption 属性设置为连接的数据表的名称
    Data1.Caption = Data1.RecordSource
End Sub
```

```
Private Sub AddCmd_Click()              '添加新记录
    Data1.Recordset.AddNew
    TxtId.SetFocus
End Sub

Private Sub Data1_Reposition()          '显示记录集当前指针的位置
    Label7.Caption = Data1.Recordset.AbsolutePosition + 1
End Sub

Private Sub Data1_Validate(Action As Integer, Save As Integer)
'确定是否修改，如不修改则恢复为原先的内容
    Dim r
    If Save = True Then
     r = MsgBox("您确定要添加/修改该记录吗?", vbInformation + vbYesNo, "是否添加/修改")
     If r = vbNo Then
        Save = False
        Data1.UpdateControls
        End If
    End If
End Sub

Private Sub DelCmd_Click()              '删除记录
    Dim r
    r = MsgBox("您确定要删除吗?", vbInformation + vbYesNo, "是否删除")
    If r = vbYes Then
            '如果当前无记录，则弹出对话框告知用户
        If Data1.Recordset.EOF Then
           MsgBox "已无记录"
           Exit Sub
        End If
        Data1.Recordset.Delete
        Data1.Recordset.MoveNext
           '每删除一条记录后需要用 eof 属性判断是否为最后一条记录
        If Data1.Recordset.EOF Then
           MsgBox "这是最后一条记录！", vbExclamation + vbOKOnly, "最后一条记录"
        End If
    Else
        Exit Sub
    End If
End Sub

Private Sub EditCmd_Click()             '修改记录
    Data1.Recordset.Edit
    Data1.Recordset.Update
End Sub

Private Sub ExitCmd_Click()             '退出
```

```
        End
     End Sub
```

（3）程序运行结果如图 7-10 所示。

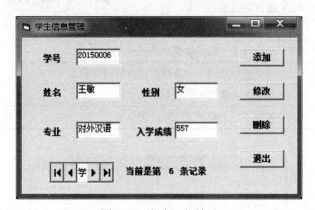

图 7-10 程序运行结果

四、拓展训练

1. 修改任务 2 中的代码，把查询结果显示在 DataGrid 控件中。
2. 试在任务 2 的基础上增加 2 个按钮实现对"上一条""下一条"记录的控制。
3. 数据库是如何与 Visual Basic 窗体中的控件连接的？
4. 通过本项目中使用的方法，能够访问哪些类型的数据库？

项目 2 使用 ADO 控件连接数据库实现数据查询

一、项目目标

1. 掌握 ADO 控件与数据库的连接方法。
2. 掌握 DataGrid 控件的使用方法。
3. 了解结构化查询语言（SQL）基本语句。

二、相关知识

1. ADO 对象模型

ADO（ActiveX Data Object）数据访问接口是一种 ActiveX 对象，采用了被称为 OLE DB 的数据访问模式。ADO 对象模型定义了一个可编程的分层对象集合，其主要对象描述如表 7-9 所示。

要想在程序中使用 ADO 对象，必须先为当前工程引用 ADO 的对象库。引用方式是执行"工程"菜单的"引用"命令，打开"引用"对话框，在列表框中选取"Microsoft ActiveX Data Objects 2.0 Library"选项，如图 7-11 所示。

表 7-9   ADO 对象描述

对象名	描述
Connection	连接数据源
Command	从数据源获取所需数据的命令
Recordset	由获得的一组记录组成的记录集
Error	在访问数据时，由数据源返回的错误信息
Parameter	与命令对象有关的参数
Field	包含了记录集中某个字段的信息

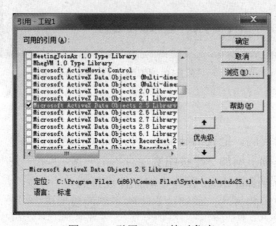

图 7-11   引用 ADO 的对象库

2. ADO 控件

（1）使用 ADO 控件

在使用 ADO 数据控件前，必须先通过"工程→部件"命令选择 Microsoft ADO Data Control
6.0(OLEDB)选项，将 ADO 数据控件添加到工具箱。ADO 数据控件与 Visual Basic 内部的 Data
控件很相似，允许使用 ADO 数据控件的基本属性快速创建与数据库的连接。

（2）ADO 控件基本属性

● ConnectionString 属性

ADO 控件没有 DatabaseName 属性，它使用 ConnectionString 属性与数据库建立连接。该属性
包含了用于与数据源建立连接的相关信息，ConnectionString 属性带有 4 个参数，如表 7-10 所示。

表 7-10   ConnectionString 属性参数

参数	描述
Provider	指定用来连接的数据源名称
FileName	指定数据源的文件名称
RemoteProvider	在远程服务器打开一个客户端时使用的数据源的名称
RemoteServer	在远程服务器打开一个主机端时使用的数据源的名称

● RecordSource 属性

RecordSource 确定具体可访问的数据，这些数据构成记录集对象 Recordset。该属性值可

以是数据库中的单个表名、一个存储查询或者是使用 SQL 查询语言的一个查询字符串。

- ConnectionTimeout 属性

用于数据连接的超时设置，若在指定时间内连接不成功则显示超时信息。

- MaxRecords 属性

定义从一个查询中最多能返回的记录数。

（3）ADO 数据控件的方法和事件

ADO 数据控件的方法和事件与 Data 控件的方法和事件完全一样。

3. 结构化查询语言（Structured Query Language，SQL）

常用 SQL 语句如表 7-11 所示。

表 7-11 结构化查询语言（SQL）常用语句

常用 SQL 命令	描述
CREATE	创建数据库对象——表、字段和索引
ALTER	添加字段或修改字段
DROP	删除数据库中的表和索引
INSERT	向数据库中的表添加记录
UPDATE	修改相关记录的值
DELETE	从数据库表中删除记录
SELECT	查找满足条件的记录
常用 SQL 命令子句	**描述**
FROM	指定查询记录的表名
WHERE	指定查询记录需满足的条件
GROUP BY	对选定记录进行分组
HAVING	说明分组条件，常与 GROUP BY 配合使用
ORDER BY	对查询记录进行排序
常用聚合函数	**描述**
AVG	返回指定字段相关记录的平均值
COUNT	返回相关记录的个数
SUM	返回指定字段中所有值的总和
MAX	返回指定字段的最大值
MIN	返回指定字段的最小值

SQL 常用的功能为数据查询，查询数据库通常使用 SELECT 语句。常用的语法形式为：

Select 字段 From 表名 Where 查询条件 Group by 分组字段 Order by 排序字段[Asc|Desc]

三、项目实施步骤

任务 1 利用 ADO 控件连接在项目 1 中建立的数据库"学生信息管理.mdb"，编制一个信息浏览查询的程序"学生信息查询.vbp"。

程序界面如图 7-12、图 7-13 所示。在 Combo1 控件中可进行 4 种查询方式的切换："显示全部""按姓名查询""按学号查询""按专业查询"，根据选择的查询方式在 Text1 控件中输入查询关键字，按 Enter 键后，在 DataGrid1 控件中显示相关记录或弹出信息"无符合条件记录"。

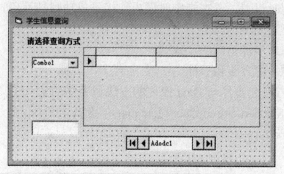

图 7-12　学生信息查询.vbp 的设计界面

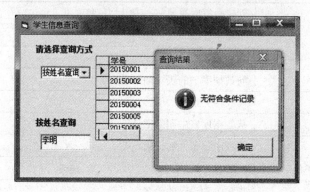

图 7-13　学生信息查询.vbp 的运行界面之一

【操作步骤】

（1）打开 Visual Basic，新建一个工程文件，命名为"学生信息查询.vbp"，把窗体文件命名为"学生信息查询.frm"。向窗体中添加 1 个 Adodc 控件，1 个 DataGrid 控件，1 个 Combo 控件，1 个 Text 控件，2 个 Label 控件。窗体初加载时其中 1 个 Label 控件的 Caption 属性为空，Text 控件不可见。

（2）加载 Adodc 控件及 DataGrid 控件。

单击"工程→部件"，选择 Microsoft ADO Data Control 6.0(OLEDB)及 Microsoft DataGrid Control 6.0 (SP6) (OLEDB)，将 ADO 控件和 DataGrid 控件添加到工具箱，如图 7-14 所示。

（3）设置 Adodc1 与"学生信息管理"数据库的连接。

数据访问控件 Adodc1 的属性设置如下：

ConnectionString：Microsoft.Jet.OLEDB.4.0。

Data Source：I:\第 7 章\学生信息管理.mdb。

CommandType：1-adCmdText。

RecordSource：select * from 学生。

①右键单击 Adodc1 控件，选择"ADODC 属性"，打开"属性页"对话框，如图 7-15 所示。

②选择"使用连接字符串"单选按钮，单击"生成"按钮，打开如图 7-16 所示的"数据链接属性"对话框，选择"Microsoft Jet 4.0 OLE DB Provider"，单击"下一步"按钮。

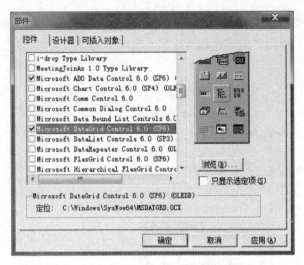

图 7-14 加载 ADO 控件及 DataGrid 控件

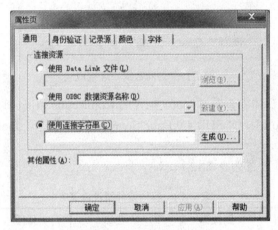

图 7-15 Adodc 控件属性页

图 7-16 "数据链接属性"对话框

③在新打开的"数据链接属性"对话框的"连接"选项卡中，选择所要访问的"学生信息管理.mdb"数据库，单击"测试连接"按钮，出现如图 7-17 所示的"测试连接成功"提示，单击"确定"按钮。

图 7-17　访问数据库连接成功

④连接成功后，在窗体中查看 Adodc1 控件的 ConnectionString 属性，可以发现其值已设置为"Provider=Microsoft.Jet.OLEDB.4.0;Data Source=...\学生管理.mdb;Persist Security Info= False"。

（4）其他控件属性设置如表 7-12 所示。

表 7-12　其他控件属性设置

名称	属性	属性值	名称	属性	属性值
Combo1	List	显示全部	Form1	Caption	学生信息查询
		按姓名查询	DataGrid1	DataSource	Adodc1
		按学号查询	Label1	Caption	请选择查询方式
		按专业查询	Label2	Caption	空
	tyle	2-DropDown	Text1	Text	空

（5）编写如下代码：

```
Private Sub Form_Load()          '窗体初始化加载时 Text1 设置为不可见
Adodc1.Visible = False
Combo1.Text = "显示全部"
Text1.Visible = False
End Sub

  Private Sub Combo1_Click()
    Select Case Combo1.ListIndex
      Case 0
        Text1.Visible = False
```

```
        Label2.Visible = False
        Adodc1.RecordSource = "select * from 学生"
        Adodc1.Refresh
        '选择"显示全部"项, DataGrid1 控件显示全部记录, Text1 控件不可见
      Case 1
        Text1.Visible = True
        Label2.Visible = True
        Label2.Caption = Combo1.Text
        Text1.SetFocus
      Case 2
        Text1.Visible = True
        Label2.Visible = True
        Label2.Caption = Combo1.Text
        Text1.SetFocus
      Case 3
        Text1.Visible = True
        Label2.Visible = True
        Label2.Caption = Combo1.Text
        Text1.SetFocus
    End Select
    '选择除"显示全部"以外的项, Text1 控件可见并获得焦点, Label2 可见并显示所选项的内容
End Sub

Private Sub Text1_KeyDown(KeyCode As Integer, Shift As Integer)
    If KeyCode = vbKeyReturn Then          '在 Text1 输入内容后回车返回查询结果
      Select Case Combo1.ListIndex
      Case 1   '按姓名查询, 如无相关记录则显示全部记录并提示"无符合条件记录"
        If Adodc1.Recordset.EOF Then
          Adodc1.RecordSource = "select * from 学生"
          Adodc1.Refresh
          MsgBox "无符合条件记录", 64, "查询结果"
        Else
          Adodc1.RecordSource = "select * from 学生 where 姓名='" + Trim(Text1.Text) + "'"
          Adodc1.Refresh
        End If
      Case 2   '按学号查询, 如无相关记录则显示全部记录并提示"无符合条件记录"
        If Adodc1.Recordset.EOF Then
          Adodc1.RecordSource = "select * from 学生"
          Adodc1.Refresh
          MsgBox "无符合条件记录", 64, "查询结果"
        Else
          Adodc1.RecordSource = "select * from 学生 where 学号='" + Trim(Text1.Text) + "'"
          Adodc1.Refresh
        End If
      Case 3   '按专业查询, 如无相关记录则显示全部记录并提示"无符合条件记录"
        If Adodc1.Recordset.EOF Then
          Adodc1.RecordSource = "select * from 学生"
          Adodc1.Refresh
```

```
            MsgBox "无符合条件记录", 64, "查询结果"
        Else
            Adodc1.RecordSource = "select * from  学生  where  专业='" + Trim(Text1.Text) + "'"
                Adodc1.Refresh
            End If
        End Select
    End If
End Sub
```

四、拓展训练

1．数据源控件有几种？各有什么特点？

2．通过 Adodc 的记录集 Recordset 的 Delete 方法删除记录是否是真正的删除？如要撤销删除该如何操作？

3．创建"班级（或部门）人员信息库"，编制一个信息管理程序，实现对记录的添加、删除、修改、查询功能。

第8章 图形、文本和多媒体应用

项目1 绘图控件与方法的使用

一、项目目标

1. 掌握图形控件（Line 和 Shape）的常用属性和常用方法。
2. 掌握窗体与图片框对象的绘图方法以及与绘图有关的属性。

二、相关知识

1. 图形控件

图形控件如 Line 控件、Shape 控件，无需编写代码，但只能实现简单功能。

（1）Line 控件：在窗体或图片框中显示一条直线段，主要用于修饰。Line 控件的常用属性：BorderStyle（设置线条风格，其取值为 0～6）、BorderWidth（设置线条宽度）、BorderColor（设置线条颜色）。Line 控件不支持任何事件。

（2）Shape 控件：可以用来画矩形、正方形、椭圆、圆、圆角矩形和圆角正方形六种几何图形。Shape 控件的常用属性：Shape（设置形状，其取值为 0～5）、FillStyle（设置控件内部的填充样式，其取值为 0～7）、FillColor（设置内部填充颜色）。

2. 绘图方法

绘图方法如 Line 方法、Circle 方法、PSet 方法等。一般在窗体、图片框或打印机上使用这些绘图方法。

（1）Line 方法：可以在对象（Object），如窗体（Form）、图片框（PictureBox）、打印机（Printer）上的两点之间画直线或矩形。此外，还常用 Line 方法绘制各种曲线。

Line 方法的语法格式为：[Object.] Line [[Step] (x1, y1)]－[Step](x2, y2) [, Color][,B[F]]。

（2）Circle 方法：用于在对象上画圆、椭圆、圆弧和扇形。

Circle 方法的语法格式为：[Object.]Circle [Step](x,y),Radius[,Color,Start,End,Aspect]。

（3）PSet 方法：可以在窗体、图片框等对象的指定位置上按确定的像素颜色画点。

PSet 方法的语法格式为：[Object.] PSet [Step] (x,y) [,Color]。

三、项目实施步骤

任务1 显示 Shape 控件的六种形状，采用不同的线型和填充图案。

【操作步骤】

（1）启动 VB，选择"标准 EXE"，单击"打开"按钮，进入 Visual Basic 6.0 集成开发环境。

（2）单击"文件"菜单，选择"保存工程"菜单项，保存该工程。

（3）用户界面（窗体 Form1）设计：在窗体上拖放一个 Shape 控件，拖放 1 个 Option 控件数组，其 Index 分别 0～5，Caption 属性分别设置为：Shape 形状 1～Shape 形状 6，如图 8-1 所示。

图 8-1　运行结果

（4）源程序代码设计。双击当前 Option 按钮进入源代码编辑窗口，在 Option1_Click 事件中编写如下代码：

```
Private Sub Option1_Click(index As Integer)
    Shape1.Shape = index
    Shape1.BorderStyle = index + 1
    Shape1.FillStyle = index + 2
End Sub
```

任务 2　使用 Line 方法画出一个五角星。

【操作步骤】

（1）启动 VB，选择"标准 EXE"，单击"打开"按钮，进入 Visual Basic 6.0 集成开发环境。

（2）单击"文件"菜单选择"保存工程"菜单项，保存该工程。

（3）双击窗体进入源代码编辑窗口，在 Form_Click 事件中编写如下代码：

```
Private Sub Form_Click()
    Const pi = 3.1416 / 180, a = 1000
    Line (800, 800)-Step(a, 0)
    Line -Step(-a * Cos(36 * pi), a * Sin(36 * pi))
    Line -Step(a * Sin(18 * pi), -a * Cos(18 * pi))
    Line -Step(a * Sin(18 * pi), a * Cos(18 * pi))
    Line -Step(-a * Cos(36 * pi), -a * Sin(36 * pi))
End Sub
```

（4）运行程序，结果如图 8-2 所示。

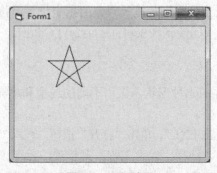

图 8-2　运行结果

任务 3 用 Circle 方法在窗体上画弧、扇形、圆和椭圆。

【操作步骤】

（1）启动 VB，选择"标准 EXE"，单击"打开"按钮，进入 Visual Basic 6.0 集成开发环境。

（2）单击"文件"菜单，选择"保存工程"菜单项，保存该工程。

（3）双击窗体进入源代码编辑窗口，在 Form_Click 事件中编写如下代码：

```
Private Sub Form_Click()
    Const pi = 3.14159
    Circle (2150, 1200), 800, vbBlue, -pi / 6, -pi / 3, 3 / 5
    Circle (2000, 1300), 800, vbGreen, -pi / 3, -pi / 6, 3 / 5
    FillStyle = 0
    FillColor = RGB(0, 0, 255)
    Circle (900, 700), 300
    Circle (3000, 2000), 400, , , , 2
    Circle (4000, 3000), 400, , , , 1 / 3
End Sub
```

（4）运行程序，结果如图 8-3 所示。

四、拓展训练

1. 利用 PSet 方法在窗体随机位置、以随机颜色绘制 10000 个点。

2. 利用 Circle 方法在窗体上画一个圆桶，如图 8-4 所示。

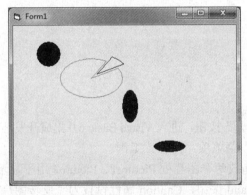

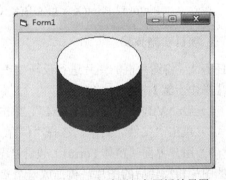

图 8-3 Circle 方法画圆、弧、椭圆运行结果　　　　图 8-4 Circle 方法画红色圆桶效果图

提示：利用窗体的 Paint（重绘）事件（当窗体被移动、放大或最小化时，或窗口移动覆盖了一个窗体时，触发事件），采用循环从下向上画一系列的椭圆，最上面的画成实心的即可。

项目 2 彩色位图图像处理

一、项目目标

1. 了解彩色图像像素的颜色值获取和分解方法。

2. 学会常规的彩色图像处理方法。

二、相关知识

（1）在窗体中可以用图片框控件（PictureBox）来显示图形。

（2）图形装入图片框后，使用 Point 方法获取图像上指定像素的颜色值。如获取(i,j)位置的像素颜色值：

```
Dim Color As Long
Color=Picture1.Point(i,j)
```

（3）计算图像像素颜色的方法：

```
Dim Color As Long
Dim Red As Integer, Green As Integer, Blue As Integer
Color=Picture1.Point(i,j)
Red = Color And &HFF&
Green = (Color And &HFF00&) / 256
Blue = (Color And &HFF000) / 65536
```

（4）得到 R、G、B 分量的值后即可对其进行计算，得出新的分量值，完成对彩色位图的灰度变换、反转图片等操作，并在新的图片框中使用 PSet 方法绘制新的图形。

灰度变换：gray = 0.299 * Red+ 0.587 * Green+ 0.114 * Blue

　　　　　Picture2.PSet(X,Y),RGB(gray, Gray, Gray)

反转图片：R=255-Red

　　　　　G=255-Green

　　　　　B=255-Blue

　　　　　Picture2.PSet(X,Y),RGB(R, G, B)

三、项目实施步骤

任务 1 将图片框的图片进行反转处理。

【操作步骤】

（1）启动 VB，选择"标准 EXE"，单击"打开"按钮，进入 Visual Basic 6.0 集成开发环境。

（2）单击"文件"菜单，选择"保存工程"菜单项，保存该工程。

（3）用户界面（窗体 Form1）设计：分别拖放两个图片框 Picture1、Picture2 用于显示待反转的图片和反转后的图片，再拖放一个 Command 按钮，Caption 属性设置为"反转图片"。

（4）源程序代码设计：双击命令按钮进入源代码编辑窗口，在 Command1_Click 事件中编写如下代码：

```
Private Sub Command1_Click()
    Dim Color As Long
    Dim Red As Integer, Green As Integer, Blue As Integer, I As Integer, J As Integer
    M = Picture1.ScaleHeight
    N = Picture1.ScaleWidth
    For J = 0 To N
        For I = 0 To M
            Color = Picture1.Point(I, J)          '获取像素颜色值
            Red = Color And &HFF&                 '分别分解计算出 R、G、B 分量的值
            Green = (Color And &HFF00&) / 256
            Blue = (Color And &HFF000) / 65536
            Red = 255 - Red                       '对各分量进行反转计算
```

```
        Green = 255 - Green
        Blue = 255 - Blue
        Picture2.PSet (I, J), RGB(Red, Green, Blue) '用 PSet 方法在 Picture2 中画出图片
    Next
  Next
End Sub
```

（5）运行程序，结果如图 8-5 所示。

图 8-5　图片反转结果图

四、拓展训练

将一个图片框的图片放大画到另一个图片框中。

项目 3　设置文本

一、项目目标

1．了解字体的属性设置方法。
2．会使用字体、颜色对话框设置应用程序中的字体。

二、相关知识

窗体、控件和打印机都具有用于设置字体的 Font 属性，Font 属性可使用字体对话框设置字体的特征，也可以使用 Font 对象属性设置字体的特征。如 Form1.Font.Name、Form1.Font.Size、Form1.Font.Bold、Form1.Font. Italic 等，与 FontName、FontBold 等保持兼容。

使用通用对话框控件的颜色对话框和字体对话框使得用户可以自己设置字体的特征。将 Action 属性设置为 3 时，为颜色对话框，为 4 时显示字体对话框。也可以用 ShowColor 方法打开颜色对话框，用 ShowFont 方法打开字体对话框。

三、项目实施步骤

任务 1　利用颜色对话框和字体对话框，改变文本框中文字的颜色和字体。
【操作步骤】
（1）启动 VB，选择"标准 EXE"，单击"打开"按钮，进入 Visual Basic 6.0 集成开发环境。
（2）单击"文件"菜单，选择"保存工程"菜单项，保存该工程。
（3）用户界面（窗体 Form1）设计：在窗体上分别加入一个文本框 Text1，Caption 属性设为"全国计算机水平考试"；两个命令按钮 Command1、Command2，Caption 属性分别设为

"改变颜色""改变字体";加入通用对话框CommonDialog1,用来建立颜色和字体对话框。

（4）程序代码编辑如下:

```
'Command1 的 Click 事件代码
Private Sub Command1_Click()
    CommonDialog1.CancelError = True        '当用户选择"取消"时,产生错误
    On Error GoTo ErrHandler                '一旦发生任何错误,无条件跳到标签"ErrHandler"所在行
    ErrHandler: If Err.Number Then Exit Sub
    CommonDialog1.ShowColor                 '颜色对话框
    CommonDialog1.Action=3
    Text1.ForeColor = CommonDialog1.Color
End Sub

'Command2 的 Click 事件代码
Private Sub Command2_Click()
    CommonDialog1.CancelError = True        '当用户选择"取消"时,产生错误
    On Error GoTo ErrHandler                '一旦发生任何错误,无条件跳到标签 ErrHandler 所在行
    ErrHandler: If Err.Number Then Exit Sub
    CommonDialog1.Flags = cdlCFBoth Or cdlCFEffects
    CommonDialog1.ShowFont                  '字体对话框
    CommonDialog1.Action = 4                '字体对话框
    Text1.FontName = CommonDialog1.FontName
    Text1.FontSize = CommonDialog1.FontSize
    Text1.FontBold = CommonDialog1.FontBold
    Text1.FontItalic = CommonDialog1.FntItalic
End Sub
```

（5）运行程序,结果如图 8-6 所示,单击"改变颜色"和"改变字体"按钮可设置字体的特征。

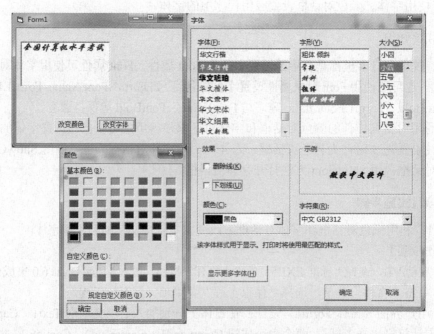

图 8-6   字体设置结果图及颜色对话框、字体对话框

项目4 多媒体控件的使用

一、项目目标

1．了解 MCI 设备的属性、事件和方法。

2．掌握多媒体控件 MMControl 的使用。

二、相关知识

1．多媒体控件的引入方法

在"工程"菜单中单击"部件"，或者在工具箱上单击右键，在弹出的"部件"对话框中，选择"Microsoft Multimedia Control 6.0"，然后单击"确定"按钮，将多媒体控件添加到工具箱中。

2．媒体控制按钮

根据控件上按钮的顺序，它们分别被定义为 Prev（回到当前轨迹起点）、Next（到下一个轨迹起点）、Play（播放）、Pause（暂停）、Back（退后一步）、Step（前进一步）、Stop（停止）、Record（记录）、Eject（弹出）。用户可直接操作控件的按钮，也可以在程序运行过程中用代码设置 Command 属性进行控制，这一命令的语法是：Object.Command＝CmdString，属性值 CmdString 是如下可执行命令名：Open、Close、Play、Pause、Stop、Back、Step、Prev、Next、Seek、Record、Eject、Sound 和 Save。

3．指定多媒体设备类型

设备的类型可以用控件的 DeviceType 属性来设置，这一命令的语法是：Object. DeviceType ＝DeviceString，属性值 DeviceString 描述不同的设备类型，如表 8-1 所示。

表 8-1　属性值 DeviceString 对应的设备类型

属性值	设备类型
AVIVideo	视频音频设备
CDAudio	激光唱盘播放设备
VideoDisc	可以使用程序控制的激光视盘机
DAT	数字化磁带音频播放机
Sequence	MIDI 音序发生器
DigitalVideo	动态数字视频图像设备
WaveAudio	播放数字化波形音频的设备
Overlay	模拟视频图像叠加设备
Other	未给出标准定义的 MCI 设备

编程控制相关按钮状态和运行状态：可以通过属性设置，如 AutoEnable、PlayEnable、FileName 等。

也可以使用其他多媒体控件及 API 函数实现程序的多媒体功能。

三、项目实施步骤

任务 1　创建一个多媒体播放器。

说明：要播放一个多媒体文件需做下面几步工作：

①指定多媒体设备类型。

②指定要播放的媒体文件的文件名。

③执行 Open 命令。

④执行 Play 命令。

【操作步骤】

（1）启动 VB，选择"标准 EXE"，单击"打开"按钮，进入 Visual Basic 6.0 集成开发环境。

（2）单击"文件"菜单，选择"保存工程"菜单项，保存该工程。

（3）在"工程"菜单中单击"部件"，或者在工具箱上单击右键，在弹出的"部件"对话框中，选择"Microsoft Multimedia Control 6.0"，然后单击"确定"按钮，将多媒体控件添加到工具箱中。

（4）用户界面（窗体 Form1）设计：在窗体上分别加入一个 MMControl 控件；两个命令按钮控件 Command1、Command2，Caption 属性分别设为"打开""关闭"。

（5）双击命令按钮进入源代码编辑窗口，在 Command1_Click、Command2_Click 事件中分别编写如下代码：

```
Private Sub Command1_Click()
    MMControl1.DeviceType = "AVIVIDEO"
    MMControl1.FileName = "szj.AVI"
    MMControl1.Command = "OPEN"
    MMControl1.hWndDisplay = Picture1.hWnd
    MMControl1.To = 1
    MMControl1.Command = "SEEK"
    MMControl1.Command = "PLAY"
End Sub
Private Sub Command2_Click()
    MMControl1.Command = "STOP"
    MMControl1.Command = "CLOSE"
End Sub
```

值得注意的是，在播放 AVI 文件之前，首先应该把 AVI（音频视频）驱动程序安装在 Windows 下。AVI 的驱动程序名为 MCIAVI.DRV，必须将它拷贝到 WINDOWSSYSTEM 目录下，同时在 SYSTEM.INI 文件的[MCI]部分加上：

```
AVIVIDEO=MCIAVI.DRV
```

这样，运行 Windows 时，Windows 会自动将 AVI 的驱动程序安装好。另外，由于现在的 AVI 解码很多，MMControl 经常无法播放视频。最好的办法就是使用 WMPlayer 控件。

Windows Media Player 控件可以播放 AVI、WAV、MIDI、MPEG 和 MOV 等多媒体文件。将 Windows Media Player 控件添加到工具箱的方法是：在工具箱上单击右键，在弹出的"部件"对话框中，选中"Windows Media Player"，然后单击"确定"按钮。

四、拓展训练

1．教材及上述项目中仅描述了利用多媒体控件播放音频文件（.WAV）、CD 唱片和音频视频文件（.AVI）的操作过程。实际上利用多媒体控件同样可以播放动画文件（.FLI、.FLC）、MIDI 文件等其他媒体信息，读者可试着编程实现。

2．另外，VB 提供了各种新的多媒体控件，读者可自学。

第 9 章 鼠标、键盘和 OLE 控件

项目 1 键盘与鼠标事件

一、项目目标

1．熟悉鼠标事件 MouseUp、MouseDown、MouseMove 并对相应事件进行编程。

2．熟悉键盘事件 KeyPress、KeyDown、KeyUp 并对相应事件进行编程。

3．熟悉拖放技术的编程技巧。

二、相关知识

1．鼠标事件

语法格式如下：

```
Private Sub Object_鼠标事件(Button as Integer, Shift as Integer, X as Single, Y as Single)

End Sub
```

（1）Button 参数用来确定按下了哪个按钮或哪些按钮，其取值范围是 0～7 的整数。

（2）Shift 参数表示当鼠标键被按下或被释放时，是否同时按下了 Shift、Ctrl、Alt 键。其取值范围是 1～7 的整数。

MouseDown 事件是三种鼠标事件中最常用的，按下鼠标按钮时就可触发此事件。释放鼠标按钮时，MouseUp 事件被触发。鼠标指针在屏幕上移动时会触发 MouseMove 事件。

2．键盘事件

键盘事件是用户敲击键盘时触发的事件，一般用来检测输入数据的合法性或对不同键值的输入实现不同的操作。

当用户按下和松开一个 ASCII 字符键时触发 KeyPress 事件（即 KeyPress 事件只对能产生 ASCII 码的按键有反应）。该事件被触发时，被按键的 ASCII 码将自动传给事件过程的 KeyAscii 参数。

KeyDown 和 KeyUp 事件是当一个对象具有焦点时按下或松开一个键时发生的。当控制焦点位于某对象时，按下键盘的任意一键，则会在该对象上触发 KeyDown 事件，释放该键时，将触发 KeyUp 事件，之后产生 KeyPress 事件。请注意 KeyCode 与 KeyAscii 的区别。

3．拖放技术

拖放包括两个操作：拖动（Drag）、放下（Drop）。

拖动（Drag）：指按下鼠标并拖着控件移动；放下（Drop）：指释放鼠标键。

与拖放有关的属性：DragMode 和 DragIcon。

与拖放有关的事件：DragDrop 事件、DragOver 事件。

三、项目实施步骤

任务 1　用鼠标事件 MouseUp、MouseDown、MouseMove 绘制自由曲线。

【操作步骤】

（1）启动 VB，选择"标准 EXE"，单击"打开"按钮，进入 Visual Basic 6.0 集成开发环境。

（2）单击"文件"菜单，选择"保存工程"菜单项，保存该工程。

（3）用户界面（窗体 Form1）设计：本项目不需要设置控件。

（4）源程序代码设计。双击当前窗体进入源程序代码窗口，在代码编辑窗口的"对象"下拉列表框中选择 Form，在"过程"下拉列表框中选择 MouseDown、MouseMove、MouseUp，在相应事件中编写如下代码：

```
Dim X1 As Integer, Y1 As Integer, B As Boolean
Private Sub Form_MouseDown(Button As Integer, Shift As Integer, X As Single, Y As Single)
    X1 = X
    Y1 = Y
    B = True
End Sub

Private Sub Form_MouseMove(Button As Integer, Shift As Integer, X As Single, Y As Single)
    If  B Then
        Line (X1, Y1)-(X, Y)
        X1 = X: Y1 = Y
    End If
End Sub

Private Sub Form_MouseUp(Button As Integer, Shift As Integer, X As Single, Y As Single)
    B = False
End Sub
```

（5）运行程序，用鼠标绘制任意曲线，如图 9-1 所示。

图 9-1　绘制任意曲线示意图

任务 2　在窗体上用键盘控制小球的运动。小球用 Shape 控件表示，在窗体上有两个命令按钮，分别为"启动移动"和"结束"。单击"启动移动"按钮，窗体上出现红色小球，按方向键←和→，小球向左和右移动；按 Space 键，小球向上或向下跳动；按 Enter 键结束小球操作。

提示：Space、Enter 及←、→键的 KeyCode 码值分别为 32、13、37 和 39。请注意 KeyCode

与 KeyAscii 的区别。

【操作步骤】

（1）启动 VB，选择"标准 EXE"，单击"打开"按钮，进入 Visual Basic 6.0 集成开发环境。

（2）单击"文件"菜单，选择"保存工程"菜单项，保存该工程。

（3）用户界面（窗体 Form1）设计：在窗体上拖放一个 Shape 控件，将其 BackColor 属性设为红色，Visible 属性设为 False；拖放两个命令按钮，Caption 属性分别设为"启动移动"和"结束"。

（4）源程序代码设计。编写 Command1、Command2 的 Click 事件代码和 Form 的 KeyDown 代码如下：

```
Dim c1 As Integer                    '改变跳动方向
Private Sub Command1_Click()
    Shape1.Visible = True            '让小球控件可见
    Command1.Enabled = False         '让此控件失效
    Command2.Enabled = False         '让此控件失效
End Sub


Private Sub Command2_Click()
    End
End Sub


Private Sub Form_KeyDown(KeyCode As Integer, Shift As Integer)
    Select Case KeyCode
        Case 37      '检测按左移键
            Shape1.Move Shape1.Left - 100         '小球左移 100
        Case 39      '检测按右移键
            Shape1.Move Shape1.Left + 100         '小球右移 100
        Case 32      '检测按 Space 键
            If c1 = 0 Then
                Shape1.Move Shape1.Left, Shape1.Top – 1000      '小球上跳 1000
                c1 = 1
            Else
                Shape1.Move Shape1.Left, Shape1.Top + 1000      '小球下跳 1000
                c1 = 0
            End If
        Case 13      '检测按 Enter 键
            Shape1.Visible = False            '让小球控件不可见
            Command1.Enabled = True           '让此控件有效
            Command2.Enabled = True           '让此控件有效
    End Select
End Sub
```

（5）运行程序，单击"启动移动"按钮，结果如图 9-2 所示，分别按键 Space、Enter 及 ←、→即可操纵小球。

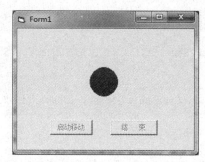

图 9-2 移动红色小球运行结果图

任务 3 实现将窗体中的时钟拖放到回收站（此时回收站便显示成含有内容的形状，类似于 Windows 中的回收站，如图 9-3 所示。单击"取消拖动"按钮后可恢复拖放前的状态，如图 9-4 所示。

编写手动拖放程序的具体步骤如下：

①在窗体中加入支持拖放的控件。

②在 MouseDown 事件中调用控件的 Drag 方法，用于控制开始拖放控件。

③在适当的位置调用 Drag 方法，松开鼠标时停止拖放过程。

④处理 DragDrop 事件，即放开控件时的操作。

【操作步骤】

（1）启动 VB，选择"标准 EXE"，单击"打开"按钮，进入 Visual Basic 6.0 集成开发环境。

（2）单击"文件"菜单，选择"保存工程"菜单项，保存该工程。

（3）用户界面（窗体 Form1）设计：在窗体上拖放 Image 控件作为时钟，Picture 控件作为回收站，它们加载的图形均为图标文件，且 AutoSize 属性均为 True，BorderStyle 属性为 0；拖放命令按钮控件 Command1，Caption 属性设置为"取消拖动"，Visible 属性设为 False。

（4）源程序代码设计。双击命令按钮进入源程序代码窗口，在代码编辑窗口的"对象"下拉列表框中选择对象，在"过程"中选择事件，在 DragDrop 事件、MouseDown 事件及 Command_Click 事件中编写如下代码：

```
Dim dx, dy, l, t    '用于保存鼠标的位置
Private Sub Form_DragDrop(Source As Control, X As Single, Y As Single)
        '将拖放的源对象移到新位置
    Source.Move X - dx, Y - dy
End Sub


Private Sub Form_Load()
    l = Image1.Left
    t = Image1.Top
    Command1.Visible = False
End Sub


Private Sub Image1_DragDrop(Source As Control, X As Single, Y As Single)
    Source.Move Source.Left + X - dx, Source.Top + Y - dy
End Sub
Private Sub Image1_MouseDown(Button As Integer, Shift As Integer, X As Single, Y As Single)
    dx = X '用于保存鼠标的位置
    dy = Y
    Image1.Drag   vbBeginDrag        '开始拖放控件
```

```
        End Sub

        Private Sub Picture1_DragDrop(Source As Control, X As Single, Y As Single)
            Source.Drag    vbEndDrag            '结束拖放
            Source.Visible = False
            Picture1.Picture = LoadPicture(App.Path & "\recyfull.ico") '改变回收站的外观
            Command1.Visible = True
        End Sub

        Private Sub Command1_DragDrop(Source As Control, X As Single, Y As Single)
            Image1.Drag vbdragcancel
            Image1.Left = l
            Image1.Top = t
            Image1.Visible = True
            Image1.Picture = LoadPicture(App.Path & "\clock05.ico")
            Picture1.Picture = LoadPicture(App.Path & "\waste.ico")
            Command1.Visible = False
        End Sub
```

（5）运行程序，拖动时钟到回收站时的运行结果如图 9-3 所示，单击"取消拖动"按钮后的运行结果如图 9-4 所示。

图 9-3　时钟拖放到回收站　　　　　　图 9-4　单击"取消拖动"按钮后

四、拓展训练

1．绘制从鼠标单击处为正方形的中心，不超过窗体边框的红色实心正方形。

2．单击窗体产生以此为中心的圆，并逐渐向外扩大（提示：画圆用 Circle 方法，逐渐向外扩大则需要用到时钟控制）。

3．任务 2 中没有设置窗体的 KeyPreview 属性为 True，因此键盘事件都是对窗体上有焦点的控件来说的。读者可以想一想，若设置了窗体的 KeyPreview 属性为 True，则运行结果又有什么不同？将KeyAscii改变为0时，可取消击键，这样对象便接收不到所按键的字符。

项目 2　使用 OLE 控件

一、项目目标

1．掌握在程序中使用 OLE 对象嵌入或链接到 Excel、Word 等程序的操纵方法。

2．理解嵌入对象与链接对象的区别。

3．了解 OLE 控件的作用及使用。

二、相关知识

1．OLE

OLE 即 Object Linking and Embedding（对象的链接与嵌入），作用是支持其他应用程序的对象链接或嵌入到 Visual Basic 应用程序，使得 Visual Basic 能够使用其他应用程序的数据。

2．嵌入对象与链接对象的区别

（1）不同之处在于插入到 OLE 控件的对象（数据）所存放的位置。

（2）嵌入到 OLE 控件中的数据不会丢失，但它占用较多的空间。链接到 OLE 控件中的数据占用较少的空间，但是数据源容易受外界的影响而丢失，而且当应用程序在不同的计算机上运行时，链接关系会消失，因为被链接文件可能不在所用的计算机系统中。

在程序中利用属性创建嵌入和链接对象，通过 OLE 控件的 44 个属性、5 个方法和 14 个事件过程，可以实现对 OLE 对象的自定义控制。

三、项目实施步骤

任务 1 设计一个程序，要求：①OLE1 和 OLE2 链接同一个数据源（Excel 文件）；②当改变 OLE1 容器控件中的链接数据时，OLE2 控件中链接同一个数据源的数据也要求跟着变化。

说明：①OLE 控件的 AutoActive 属性用来设置以何种方式激活对象，取值范围为 0～3。

②Class 属性：嵌入或链接到 OLE 控件中的对象类名。

③SourceDoc 属性：指定要链接的文件名（包括路径）。

④Action 属性：设置一个值，作用是通知系统进行何种操作。

注意：Excel 文档必须已经存在，没有也必须先建立，如在 C 盘下建立一个名为 aa.xlsx 的 Excel 文档，并输入一定的内容。

【操作步骤】

（1）启动 VB，选择"标准 EXE"，单击"打开"按钮，进入 Visual Basic 6.0 集成开发环境。

（2）单击"文件"菜单，选择"保存工程"菜单项，保存该工程。

（3）用户界面（窗体 Form1）设计：在窗体上拖放两个 OLE 控件（在 Visual Basic 的工具箱右下角，可以找到 OLE 控件），拖放两个命令按钮，Caption 属性分别设为"创建对象"和"退出"。

（4）源程序代码设计。双击命令按钮进入源代码编辑窗口，在代码窗口的"对象"下拉列表框中选择 OLE1、OLE2，在"过程"下拉列表框中选择 Update，在 Command1_Click、Command2_Click、OLE1_Updated、OLE2_Updated 事件中编写如下代码：

```
Private Sub Command1_Click()
    OLE1.Class = "Excel.sheet.&"          '指定对象类型
    OLE1.SourceDoc = "C:\aa.xlsx"          '指定文件
    OLE1.DisplayType = 0        '指出 OLE 对象是显示对象内容
    OLE1.Action = 1                  '链接方式
    OLE2.Class = "Excelworksheet"
    OLE2.SourceDoc = "C:\aa.xlsx"
    OLE2.DisplayType = 0
    OLE2.Action = 1
End Sub
```

```
Private Sub Command2_Click()
    Unload Me
End Sub

Private Sub OLE1_Updated(code As Integer)
    OLE2.UpdateOptions = 0 '用 OLE2.Action=6 也可以，或 OLE2.Update 方法也可以
End Sub

Private Sub OLE2_Updated(code As Integer)
    OLE1.UpdateOptions = 0
End Sub
```

（5）运行程序，结果如图 9-5 所示。

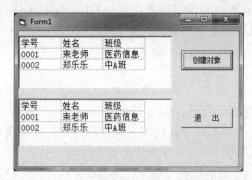

图 9-5　单击"创建对象"按钮后的运行结果

四、拓展训练

1. 设计程序，在一个 OLE 控件中嵌入 Excel 文档，在另一个 OLE 控件中链接 Excel 文档。
2. 分析上例中嵌入对象和链接对象两种方式的区别。

第 10 章　文件

项目 1　顺序文件的读写操作

一、项目目标

1. 掌握顺序文件读操作的三种方式（含语句的格式、功能及注意事项等）。
2. 掌握顺序文件写操作的两种方式（含语句的格式、功能及注意事项等）。
3. 能够编写与顺序文件读写操作相关的程序。

二、相关知识

顺序文件读文件操作通常用以下三种方式：①Input 语句；②Input 函数；③Line Input 语句。同样，数据写入顺序文件常用如下两种方式：①Print 语句；②Write 语句。通过本项目掌握上述语句的格式、功能及注意事项，从而能够熟练编写与顺序文件读写有关的 VB 程序。

三、项目实施步骤

任务 1　在 D 盘建立顺序文件 student.dat，要求利用 Write #语句写入以下数据：

"张三"，"男"，19，"14 医软 2 班"。

【操作步骤】

（1）启动 Visual Basic，定义"新建工程"为"标准 EXE"工程类型，系统自动生成新建窗体 Form1。

（2）设计用户界面，如图 10-1 所示。

（3）设置窗体控件及其属性，如表 10-1 所示。

图 10-1　写顺序文件用户界面

表 10-1　窗体控件及其属性

对象名称	属性名称	属性值	说明
Form1	Caption	写顺序文件	
Command1	Caption	新建文件 student.dat	新建一个顺序文件
Command2	Caption	浏览文件	打开此顺序文件

（4）程序代码如下：

```
Private Sub Command1_Click()
    Dim str1, str2, str3 As String
    str1 = "张三"
    str2 = "男"
```

```
        num = 19
        str3 = "14 医软 2 班"
        Open "D:\student.dat" For Output As #1
        Write #1, str1, str2, num, str3
        Close #1
    End Sub
    Private Sub Command2_Click()
        Dim x
        x = Shell("C:\windows\notepad.exe    D:\student.dat", vbNormalFocus)
    End Sub
```

（5）运行程序，单击如图 10-1 所示的"新建文件 student.dat"和"浏览文件"按钮，文件内容如图 10-2 所示。

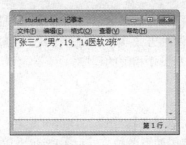

图 10-2　新建顺序文件 student.dat 的内容

思考：如果将上述程序代码中的 Write #语句改成 Print #语句，会有何不同？

任务 2　在任务 1 中新建的顺序文件 student.dat 后面添加如下数据：

① "李四"，"女"，20，"13 护理 3 班"；

② "王五"，"男"，19，"14 中医临床 1 班"；

③ "赵六"，"女"，21，"12 生物医学工程班"。

【操作步骤】

（1）启动 Visual Basic，定义"新建工程"为"标准 EXE"工程类型，系统自动生成新建窗体 Form1。

（2）设计用户界面，如图 10-1 所示。

（3）设置窗体控件及其属性，如表 10-2 所示。

表 10-2　窗体控件及其属性

对象名称	属性名称	属性值
Form1	Caption	写顺序文件
Command1	Caption	在文件 student.dat 后添加数据
Command2	Caption	浏览文件

（4）程序代码如下：

```
    Private Sub Command1_Click()
        Dim str1, str2, str3 As String
        Dim num As Integer
        Dim choice As Integer
        Open "D:\student.dat" For Append As #1
```

```
    Do
        str1 = InputBox("添加姓名：")
        str2 = InputBox("添加性别：")
        num = InputBox("添加年龄：")
        str3 = InputBox("添加班级：")
        Write #1, str1, str2, num, str3
        choice = MsgBox("还要添加数据吗？", vbYesNo)
    Loop While choice = vbYes
    Close #1
End Sub
Private Sub Command2_Click()
    Dim x
    x = Shell("C:\windows\notepad.exe    D:\student.dat", vbNormalFocus)
End Sub
```

（5）运行程序，单击"在文件 student.dat 后添加数据"按钮，会依次弹出如图 10-3 至及图 10-6 所示，可在上述窗口依次输入姓名、性别、年龄及班级等信息。每条记录输入完毕后会弹出如图 10-7 所示，若数据录入完毕单击"是"按钮，再单击"浏览文件"按钮，可看到运行结果如图 10-8 所示。

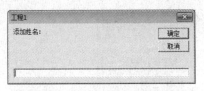

图 10-3　"添加姓名"对话框

图 10-4　"添加性别"对话框

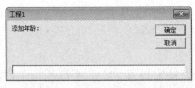

图 10-5　"添加年龄"对话框

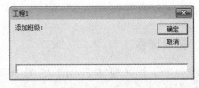

图 10-6　"添加班级"对话框

图 10-7　"是否继续添加数据"对话框

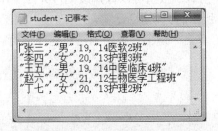

图 10-8　运行结果

任务 3　读取任务 2 中顺序文件 student.dat 的内容显示在窗体上并要求统计男女生的人数。

【操作步骤】

（1）启动 Visual Basic，定义"新建工程"为"标准 EXE"工程类型，系统自动生成新建窗体 Form1。

（2）设计用户界面，设置窗体 Form1 的 Caption 属性值为"读顺序文件"。

（3）程序代码如下：

```
Private Sub Form_Click()
    Dim str1, str2, str3 As String
    Dim num As Integer
    Dim FStudentnum As Integer, MStudentnum As Integer
    FStudentnum = 0
    MStudentnum = 0
    Open "D:\student.dat" For Input As #1
    While Not EOF（1）
        Input #1, str1, str2, num, str3
        Print str1, str2, num, str3
        If str2 = "男" Then FStudentnum = FStudentnum + 1
        If str2 = "女" Then MStudentnum = MStudentnum + 1
    Wend
    Close #1
    Print    "男生人数：", FStudentnum, "女生人数：", MStudentnum
End Sub
```

（4）运行程序，在窗体上单击可得到如图 10-9 所示的运行结果。

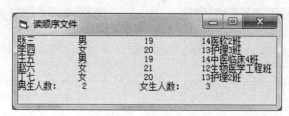

图 10-9　运行结果

四、拓展训练

新建一个工程，窗体 Form1 如图 10-10 所示。该窗体中包含一个文本框和三个命令按钮，窗体及各控件属性如表 10-3 所示。单击"新建"按钮新建一个顺序文件：C:\temp\serialfile.txt；单击"打开"按钮可以打开该文件并在文本框中显示其内容，如果该文件不存在，则给出如图 10-11 所示的错误提示；单击"确定"按钮返回 Form1 窗体。重新单击"新建"按钮可建立该文件，单击"退出"按钮则结束程序运行。

图 10-10　顺序文件读写示例

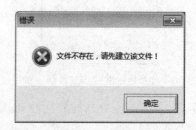

图 10-11　错误提示

表 10-3 窗体控件及属性

对象名称	属性名称	属性值	说明
Form1	Caption	顺序文件读写示例	
Text1	MultiLine	True	文本可换行显示
	ScrollBars	3-Both	加上水平垂直滚动条
	Text	为空	
CmdNew	Caption	新建	新建一个顺序文件
CmdOpen	Caption	打开	打开顺序文件
CmdExit	Caption	退出	退出程序

项目 2 随机文件的读写操作

一、项目目标

1. 掌握随机文件读写操作的方法（Get、Put 等语句的格式、功能及注意事项等）。
2. 能够编写与随机文件读写操作相关的程序。

二、相关知识

随机文件的读取采用 Get 语句。

语法格式：**Get [#]文件号, [记录号], 变量**

其中，记录号可选，若提供记录号，则表示从此记录号处开始读出数据；若缺省，表示读取的是当前记录的后一条记录。变量为必选参数，读出的数据将写入其中。通常用 Get 语句将 Put 语句写入的文件数据读出来。

随机文件的写入采用 Put 方法。

语法格式：**Put [#]文件号, [记录号], 变量**

其中，记录号可选，若提供记录号，则表示从此记录号处开始写入数据，如果写入的记录号已存在，原来的记录将被覆盖；如果不存在，则系统自动增加文件长度，直到该记录号存在。若缺省记录号，则表示从当前记录的下一条开始写入。变量为必选参数，包含要写入磁盘的数据的变量名。

三、项目实施步骤

任务 1 向随机文件 subject.txt（C:\temp 目录下）中添加记录。

【操作步骤】

（1）启动 Visual Basic，定义"新建工程"为"标准 EXE"工程类型，系统自动生成新建窗体 Form1。

（2）设计用户界面，如图 10-12 所示。

（3）窗体及各控件属性如表 10-4 所示。

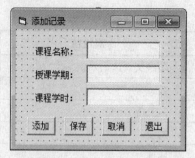

图 10-12　用户界面 5

表 10-4　窗体及各控件属性

对象名称	属性名称	属性值	说明
Form1	Caption	添加记录	
Label1	Caption	课程名称：	
Label2	Caption	授课学期：	
Label3	Caption	课程学时：	
TxtName	Text	空	显示课程名称
TxtTerm	Text	空	显示授课学期
TxtNum	Text	空	显示课程学时
CmdAdd	Caption	添加	添加记录
CmdSave	Caption	保存	保存添加的记录
CmdCancel	Caption	取消	取消添加记录
CmdExit	Caption	退出	退出程序

（4）程序代码如下：

```
Private Type Subject            '窗体代码声明区声明自定义数据类型
    Name As String * 20         '课程名称宽度为 20 字节
    Term As Integer             '授课学期为整型
    Number As Integer           '课程学时为整型
End Type
Dim FileNum As Integer          '窗体代码声明区声明窗体级变量
Dim Mysubject As Subject
Dim LastRecord As Integer
Dim Position As Integer
Dim Reclength As Integer
Private Sub Form_Load( )            '窗体加载过程
    CmdSave.Enable = False
    CmdCancel.Enable = False
    TxtName.Enable = False
    TxtTerm.Enable = False
    TxtNum.Enable = False
    Reclength = Len(Mysubject)
    Close 1
```

```
        Open "C:\temp\subject.txt" For Random As #1 Len = Reclength        '新建或打开文件
        If LOF(1)<> 0 Then
            LastRecord = LOF(1)/ Reclength
            Get #1,LastRecord,Mysubject
            TxtName.Text = Mysubject.Name
            TxtTerm.Text = Mysubject.Term
            TxtNum.Text = Mysubject.Number
        End If
    End Sub
    Private Sub CmdAdd_Click( )                                           '添加
        TxtName.Text = "":TxtName.Enable = True
        TxtTerm.Text = "":TxtTerm.Enable = True
        TxtNum.Text = " ":TxtNum.Enable = True
        CmdAdd.Enable = False
        CmdSave.Enable = True:CmdCancel.Enable = True
    End Sub
    Private Sub CmdCancel_Click( )                                        '取消增加记录
        Get #1,LastRecord,Mysubject                                      '读取文件最后一条记录
        TxtName.Text = Mysubject.Name
        TxtTerm.Text = Mysubject.Term
        TxtNum.Text = Mysubject.Number
        TxtName.Enable = False
        TxtTerm.Enable = False
        TxtNum.Enable = False
        CmdAdd.Enable = True
        CmdSave.Enable = False
        CmdCancel.Enable = False
    End Sub
    Private Sub CmdSave_Click( )                                          '保存
    On Error GoTo PROC_ERR                                                '错误处理
        Position = LOF(1)/ Len(Mysubject)
        Mysubject.Name = TxtName.Text
        Mysubject.Term = TxtTerm.Text
        Mysubject.Number = TxtNum.Text
        Put #1,Position + 1,Mysubject                                     '将增加的记录写入文件
        CmdAdd.Enable = True
        CmdSave.Enable = False
        CmdCancel.Enable = False
        PROC_ERR:Exit Sub
    End Sub
    Private Sub CmdExit_Click( )                                          '退出
        Close #1
        Unload Me
    End Sub
```

（5）程序运行界面如图 10-13 所示，如果随机文件中还没有任何记录，文本框 TxtName、TxtTerm 及 TxtNum 均显示文本为空，否则显示当前文件最后一条记录。当单击"添加"按钮时，清空 TxtName、TxtTerm 和 TxtNum 的内容，可以在这三个文本框中分别输入课程名称、

授课学期和课程学时。单击"保存"按钮可保存该条记录，单击"取消"按钮可取消添加。

图 10-13   随机文件增加记录

任务 2   从任务 1 的随机文件 subject.txt 中删除指定记录。

思路：从随机文件 subject.txt 中删除指定记录，可以采取给指定记录做删除标记，或者将后续记录向前移动覆盖该条需删除的记录并将最后一条记录清空。第一种方式删除的记录仍在文件中，第二种方式虽然删除了指定记录，但最后一条记录仍然存在，只是内容为空。要从随机文件 subject.txt 中彻底删除记录，可采取将文件中无须删除的记录写入另外一个文件 subject2.txt，再将 subject2.txt 文件中内容拷贝回 subject.txt 中。

【操作步骤】

（1）启动 Visual Basic，定义"新建工程"为"标准 EXE"工程类型，系统自动生成新建窗体 Form1。

（2）设计用户界面，如图 10-14 所示。

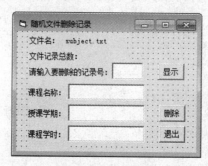

图 10-14   用户界面 6

（3）窗体及各控件属性如表 10-5 所示。

表 10-5   窗体及各控件属性

对象名称	属性名称	属性值	说明
Form1	Caption	随机文件删除记录	
Label1	Caption	文件名：	
Label2	Caption	subject.txt	随机文件名
Label3	Caption	文件记录总数	
Label4	Caption	请输入要删除的记录号	
Label5	Caption	课程名称：	
Label6	Caption	授课学期：	

对象名称	属性名称	属性值	说明
Label7	Caption	课程学时：	`
LblNum	Caption	空	程序运行时显示文件记录总数
TxtDelName	Text	空	输入要删除的记录号
TxtName	Text	空	显示课程名称
TxtTerm	Text	空	显示授课学期
TxtNum	Text	空	显示课程学时
CmdList	Caption	显示	显示要删除的记录内容
CmdDel	Caption	删除	删除记录
CmdExit	Caption	退出	退出程序

（4）程序代码如下：

```
Private Type Subject
    Name As String * 20        '课程名称宽度为 20 字节
    Term As Integer            '授课学期为整型
    Number As Integer          '课程学时为整型
End Type
Dim FileNum, FileNum2 As Integer        '定义存放文件号的变量
Dim Mysubject As Subject
Dim RecordNum As Integer
Dim Reclength As Long
Private Sub Form_Load()
    FileNum = FreeFile
    Reclength = Len(Mysubject)
    Open "c:\temp\subject.txt" For Random As FileNum Len = Reclength
    RecordNum = LOF(FileNum) / Reclength
    LblNum.Caption = RecordNum
    Close FileNum
End Sub
  Private Sub CmdDel_Click()
    Dim n, i, j As Integer
    n = Val(TxtDelNum.Text)
    If (n > RecordNum Or n <= 0) Then
        MsgBox "无效数据，请重新输入！", vbCritical, "错误"
        Exit Sub
    Else
        m = MsgBox("确定删除吗？", vbOKCancel + vbDefaultButton2 + vbExclamation, "警告")
    End If
    If (m = vbCancel) Then
      Exit Sub
    Else
      Open "c:\temp\subject.txt" For Random As FileNum Len = Reclength
      RecordNum = LOF(FileNum) / Reclength
      LblNum.Caption = RecordNum - 1
```

```
                FileNum2 = FreeFile
                    Open "c:\temp\subject2.txt" For Random As FileNum2 Len = Reclength          '打开文件
                  j = 1
              For i = 1 To RecordNum
                 If (i <> n) Then
                        Get FileNum, i, Mysubject '读出 subject.txt 中除需删除的记录外的记录
                        Put FileNum2, j, Mysubject    '向 subject2.txt 中写入记录
                        j = j + 1
                    End If
              Next i
              Close FileNum
              Close FileNum2
              RecordNum = RecordNum - 1
              FileCopy "c:\temp\subject2.txt", "c:\temp\subject.txt"              '复制文件
               Kill "c:\temp\subject2.txt"              '删除文件
                TxtDelNum.Text = ""
            TxtName.Text = ""
            TxtTerm.Text = ""
            TxtNum.Text = ""
        End If
    End Sub
Private Sub CmdList_Click( )                    '显示记录内容
    Dim n As Integer
    n = Val(TxtDelNum.Text)
    Open "c:\temp\subject.txt" For Random As FileNum Len = Reclength
    RecordNum = LOF(FileNum) / Reclength
    If (n > RecordNum Or n <= 0) Then
        MsgBox "无效数据，请重新输入！", vbCritical, "错误"
        TxtDelNum.Text = ""
        TxtName.Text = ""
        TxtTerm.Text = ""
        TxtNum.Text = ""
    Else
        Get FileNum, Val(TxtDelNum.Text), Mysubject
        TxtName.Text = Mysubject.Name
        TxtTerm.Text = Mysubject.Term
        TxtNum.Text = Mysubject.Number
    End If
    Close FileNum
End Sub
Private Sub CmdExit_Click()
    Unload Me
End Sub
```

（5）程序运行界面如图 10-15 所示。

　　程序运行，在文本框 Text1 中输入要删除的记录（例如第 1 条记录），单击"显示"按钮，TxtName、TxtTerm、TxtNum 文本框将分别显示该记录的课程名称、授课学期和课程学时。如果需要删除该条记录可单击"删除"按钮，将出现如图 10-16 所示的"警告"对话框，单击"确

定"按钮可删除这条记录，单击"取消"按钮则取消删除。如果输入的记录号不在记录总数范围内，将出现如图 10-17 所示的"错误提示"对话框。

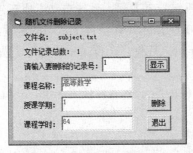

图 10-15　删除随机文件记录

图 10-16　"警告"对话框

图 10-17　"错误提示"对话框

四、拓展训练

利用滚动条浏览随机文件，保存对 c:\temp\subject.txt 文件中的记录（包含课程名称、授课学期及课程学时）进行的修改或取消修改。

项目 3　图片浏览器

一、项目目标

1. 熟悉文件系统控件操作的方法。
2. 掌握文件的基本操作方法。

二、相关知识

文件系统控件有驱动器列表框、文件夹列表框和文件列表框。这些列表框在文件管理中具有重要作用。

常用的文件操作函数有：ChDir、ChDrive、CurDir、FileCopy、FileDateTime、MkDir、RmDir、Name、Kill、GetAttr、SetAttr。

三、项目实施步骤

任务 1　设计一个图片浏览器，程序运行时，利用文件系统控件，在窗口中选择驱动器、相应的文件夹中的某个图片文件，将其在窗口的图片框中显示，并在窗口标题栏显示所选择文件的路径和名称。

【操作步骤】

（1）启动 Visual Basic，新建一个工程，系统自动生成新建窗体 Form1。

（2）设计用户界面如图 10-18 所示。在窗体上适当的位置添加一个框架，Caption 属性值为"文件选择"，一个图像（Image）控件。在框架中添加一个驱动器列表框、一个文件夹列表框、一个文件列表框。

（3）设置图像（Image）控件的 Strecth 属性值为 True，BorderStyle 属性值为 1-Fixed single。

（4）编写程序代码如下：

```
Private Sub Form_Load()
    File1.Pattern = "*.bmp;*.jpg; *.gif; *.ico;*.wmf" '设置文件列表框加载图片的类型
End Sub

Private Sub Drive1_Change()        '设置驱动器改变的响应事件
    Dir1.Path = Drive1.Drive
End Sub

Private Sub Dir1_Change()          '设置文件夹改变的响应事件
    File1.Path = Dir1.Path
End Sub

Private Sub File1_Click()          '设置文件列表框的单击事件
    fn = Form1.File1.Path & "\" & Form1.File1.FileName
    Form1.Caption = fn
    Image1.Picture = LoadPicture(fn)
End Sub
```

（5）程序运行结果如图 10-18 所示。

图 10-18　图片浏览器

任务 2　文件操作函数示例。文件夹的创建（MkDir）与删除（Rmdir）、文件改名（Name）、文件复制（FileCopy）与删除（Kill）函数的使用。

【操作步骤】

（1）启动 Visual Basic，新建一个工程，系统自动生成新建窗体 Form1。

（2）设计用户界面。在窗体上添加一个文件夹列表框、一个文件列表框和一个命令按钮。

（3）编写如下代码：

```
Private Sub Command1_Click()
    Form1.Caption = "文件操作函数示例"
    MkDir "f:\VbLx\123"        '在 F 盘 VbLx 文件夹中创建子文件夹 123
    RmDir "f:\VbLx\456"        '删除 F 盘 VbLx 文件夹中的子文件夹 456
    Rem  文件复制
    FileCopy "f:\VbLx\File\文件路径操作.frm", "f:\VbLx\Temp\文件路径操作.frm"
    Rem  文件改名
    Name "F:\VbLx\abc.txt" As "F:\VbLx\ex1.txt"
    Command1.Enabled = False
    Dir1.Refresh
    File1.Refresh
End Sub


Private Sub Dir1_Change()
    File1.Path = Dir1.Path
End Sub


Private Sub Drive1_Change()
    Dir1.Path = Drive1.Drive
End Sub


Private Sub Form_Load()
    Caption = "文件操作函数"
    Form1.AutoRedraw = True
    Command1.Caption = "文件与文件夹操作"
    Dir1.Path = "f:\VbLx"
    File1.Path = "f:\VbLx"
End Sub
```

（4）执行程序，结果如图 10-19 所示。

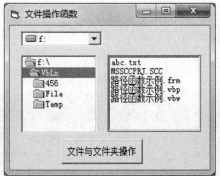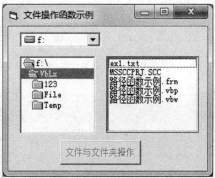

图 10-19　文件操作函数示例

四、拓展训练

利用文件系统控件和命令操作，对在文件夹列表框中选定的文件夹，单击"删除文件夹"命令按钮时，将选定的文件夹删除。

第 11 章　高级 Office 应用

项目 1　Office 中 VBA 的使用

一、项目目标

以 Excel 2010 中的 VBA 为例，了解高级 Office 应用。

二、相关知识

20 世纪 90 年代早期，为了实现办公软件的自动化，微软开发了一种应用程序共享通用的自动化语言——Visual Basic For Application（VBA）。可以认为 VBA 是非常流行的应用程序开发语言 Visual Basic 的子集。实际上 VBA 是"寄生于"VB 应用程序的版本。VBA 和 VB 的区别包括如下几个方面：

（1）VB 设计用于创建标准的应用程序，而 VBA 是使已有的应用程序（Excel 等）自动化。

（2）VB 具有自己的开发环境，而 VBA 必须寄生于已有的应用程序。

（3）要运行 VB 开发的应用程序，用户不必安装 VB，因为 VB 开发出的应用程序是可执行文件（*.EXE），而 VBA 开发的程序必须依赖于它的"父"应用程序，例如 Excel。

尽管存在这些不同，VBA 和 VB 在结构上仍然十分相似。事实上，如果你已经了解了 VB，会发现学习 VBA 非常快。相应的，学完 VBA 也会给学习 VB 打下坚实的基础，而且，当学会在 Excel 中用 VBA 创建解决方案后，即已具备在 Word、Access、Outlook、ProwerPoint 中用 VBA 创建解决方案的大部分知识。

三、项目实施步骤

任务 1　在 Excel 工作簿中，创建选项按钮，利用 VBA 测试所选择的选项。

【操作步骤】

（1）新建 Excel 工作簿，保存命名为"选项按钮测试"，如图 11-1 所示。

图 11-1　"另存为"对话框

（2）在单元格 A1 中输入"你喜欢的颜色是："。

（3）选择菜单"工具→控件→插入→分组框"，如图 11-2 所示。

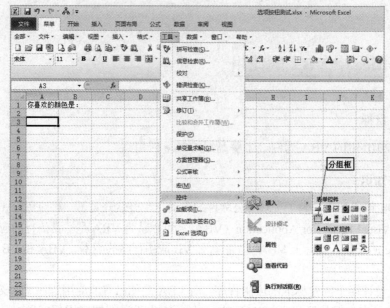

图 11-2　插入控件

（4）按住鼠标不动，在空白处拖动鼠标，即可添加分组框。右键单击分组框，编辑其中的文字，设置为"颜色选项"，如图 11-3 所示。

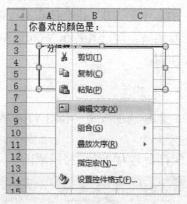

图 11-3　添加分组框

（5）类似步骤（3）的方法，添加 4 个选项按钮，分别编辑文字为"红""绿""蓝""橙"。注意，选项按钮必须在分组框范围内，如图 11-4 所示。

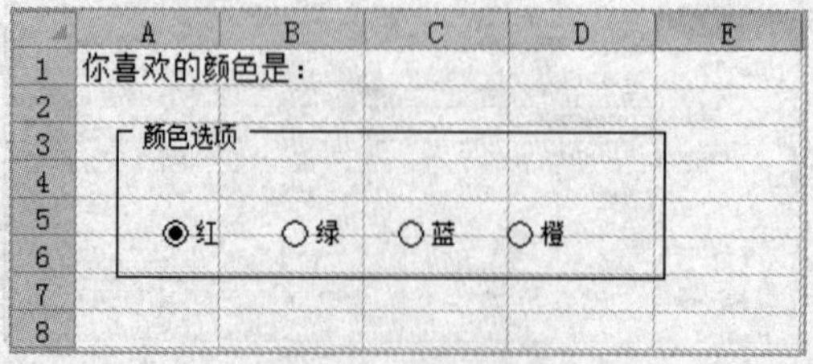

图 11-4　选项按钮

（6）右键单击选项按钮"红"，在快捷菜单中选择"指定宏"命令，如图 11-5 所示。

（7）在弹出的"指定宏"对话框中单击"新建"按钮，如图 11-6 所示。

图 11-5 指定宏　　　　　　　　　　　　　　　　图 11-6 新建宏

（8）编写对应的宏代码：

```
Sub 选项按钮 2_Click()
    Sheets("sheet1").Cells(10, 1) = "你选择了红色"
End Sub
```

同样，编写其他 3 个按钮的对应宏代码，如下：

```
Sub 选项按钮 3_Click()
    Sheets("sheet1").Cells(10, 1) = "你选择了绿色"
End Sub
Sub 选项按钮 4_Click()
    Sheets("sheet1").Cells(10, 1) = "你选择了蓝色"
End Sub
Sub 选项按钮 5_Click()
    Sheets("sheet1").Cells(10, 1) = "你选择了橙色"
End Sub
```

（9）回到工作簿界面，单击任意选项按钮，在 A10 单元格中将会有对应的文字显示，运行结果如图 11-7 所示。

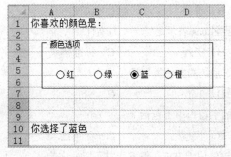

图 11-7 运行结果

第二部分　习题与参考答案

习题一

一、选择题

1. 与传统的结构化程序设计语言相比，Visual Basic 最突出的特点是（　　）。

    A）程序开发环境   B）结构化程序设计

    C）程序设计技术   D）事件驱动机制

2. 下列叙述正确的是（　　）。

    A）程序就是软件   B）软件开发不受计算机系统的限制

    C）软件既是逻辑实体，又是物理实体   D）软件是程序、数据和相关文档的集合

3. 保存一个 Visual Basic 应用程序，应当（　　）。

    A）只保存工程文件   B）只保存窗体文件

    C）分别保存窗体文件和工程文件   D）以上都不对

4. 在 VB 中，下列（　　）操作不能打开代码编辑窗口。

    A）双击窗体上的某个控件   B）双击窗体

    C）选定对象后，按快捷键 F7   D）单击窗体或控件

5. 高级语言程序的核心是（　　）。

    A）语法   B）算法   C）流程图   D）设计方法

6. Visual Basic 窗体设计器的主要功能是（　　）。

    A）建立应用程序界面   B）编写源程序代码

    C）画图   D）显示文字

7. 在 VB 中，表示窗体宽、高的是（　　）。

    A）对象   B）事件   C）属性   D）方法

8. 在 Visual Basic 中，扩展名.bas 表示是（　　）文件。

    A）窗体   B）工程   C）标准模块   D）类模块

9. 以下不属于 Visual Basic 系统的文件类型是（　　）。

    A）.frm   B）.bat   C）.vbg   D）.vbp

10. VB 6.0 集成开发环境的主窗口中不包括（　　）。

    A）菜单栏   B）状态栏   C）标题栏   D）工具栏

11. Visual Basic 的标准化控件位于 IDE（集成开发环境）中的（　　）窗口内。

    A）工具栏   B）工具箱   C）窗体设计器   D）对象浏览器

12. Visual Basic 中标准模块文件的扩展名是（　　）。

    A）bas   B）cls   C）frm   D）vbp

13. 下列关于事件的说法中，正确的是（　　　）。

　　A）用户可以根据需要建立新的事件

　　B）事件的名称是可以改变的，由用户预先定义

　　C）不同类型的对象所能识别的事件一定不相同

　　D）事件是由系统预先定义好的能够被对象识别的动作

14. 在代码编辑窗口中，当从对象框中选定了某个对象后，在（　　　）中会列出适用于该对象的事件。

　　A）工具栏　　　　　　　B）过程框　　　　　　C）工具箱　　　　　　D）属性窗口

15. 要在命令按钮 Cmd1 上显示"计算"，可以使用（　　　）语句。

　　A）Cmd1.Value="计算"　　　　　　　　B）Cmd1.Name="计算"

　　C）Cmd1.Caption="计算"　　　　　　　　D）Command1.Caption="计算"

16. 在窗体上建立一个命令按钮 Command1，编写了如下事件过程：

```
Private Sub Command1_Click()
    Caption="查找"
End Sub
```

程序运行后，单击命令按钮，执行的操作是

　　A）在窗体上显示"查找"　　　　　　　　B）窗体的标题显示为"查找"

　　C）命令按钮的标题显示为"查找"　　　　D）VB 主窗口的标题栏上显示"查找"

二、填空题

1. Visual Basic 是一种面向_____的可视化程序设计语言，采取了_____的编程机制。

2. Visual Basic 的集成开发环境主要由 6 个部分组成，它们分别是：_____、_____、_____、_____、_____、_____。

3. Visual Basic 工作状态有三种模式，分别是 _____、_____、_____。

4. Visual Basic 的对象主要分为_____和_____两大类。

5. 在 Visual Basic 中，用来描述一个对象外部特征的量称之为对象的_____。

6. 在 Visual Basic 中，设置或修改一个对象的属性的方法有两种，它们分别是_____ 和 _____。

7. 在 Visual Basic 中，事件过程的名字由_____、_____和_____所构成。

8. 若用户单击了窗体 Form1，则此时将被执行的事件过程的名字应为_____。

9. 控件分为三类：_____、ActiveX 控件和可插入对象。

10. 对象的三要素是_____、_____和_____。

11. 在设计阶段，双击工具箱中的控件按钮，即可在窗体的_____位置上放置控件；当双击窗体上某个控件时，所打开的是_____窗口。

12. 在窗体 Form1 上有一个名称为 Command1 的命令按钮和一个名称为 Text1 的文本框。程序运行时，单击该命名按钮，在文本框中显示"Visual Basic 程序设计"。请补充完成下面的事件过程。

```
Private        (1)
        (2)
End Sub
```

三、简答题

1. 简述 Visual Basic 的特点。

2. 什么是对象的属性、事件和方法？

3．Visual Basic 如何完成对用户操作的响应？

4．什么是事件？事件过程的一般格式是怎样的？如何编写对象的事件过程？

5．在窗体中绘制控件有哪几种方法？如何调整控件的大小和位置？

6．设置或修改对象的属性有哪两种方法，具体如何设置？

7．如何保存 Visual Basic 工程，保存工程时应注意什么问题？

8．Visual Basic 6.0 有多种类型的窗口，若用户在设计时想看到代码编辑窗口，应该怎样操作？

9．Visual Basic 程序开发的一般步骤和方法是怎样的？

10．Visual Basic 的编译方式有哪两种，各自的优越性怎样？

四、编程题

说明：按下列各题要求进行操作和编程。保存工程文件或窗体文件时要包含章节和题号，如：第 1 章第 2 题保存为 Ex0102.vbp 和 Ex0102.frm。以后各章习题编程操作均按此要求进行保存。

1．新建一个工程 Ex0101.vbp，窗体文件保存为 Ex0101.frm。设置如下属性：

窗体 Form1：

Caption（标题）	欢迎
BackColor（背景色）	&H00FFFFFF&
Height（高）	3090
Width（宽）	5000
Left（左端）	2000
Top（顶端）	3000

标签 Label1：

Caption	欢迎使用 VB 程序设计
ForeColor（前景色）	红色
Font（字体）	楷体、粗体、小四
AutoSize（自动大小）	True

2．新建一个工程 Ex0102.vbp，窗体界面如图 1 所示。在文本框中输入用户名 ABC，正确时单击"提交"按钮，标签 Label2 的 Caption 显示"用户名正确"；否则单击"取消"按钮，标签 Label2 的 Caption 显示"用户名不正确"。标签 Label2 的 AutoSize 属性值为 True（保存时窗体文件名为 Ex0102.frm）。

3．新建一个工程 Ex0103.vbp，窗体界面如图 2 所示。要求在文本框 Text1 中输入购买数量，当单击"计算"命令按钮时，按单价 3.6 元计算应付款，并显示在文本框 Text2 中；当单击"关闭"命令按钮时结束程序运行。

图 1　第 2 题创建的窗体

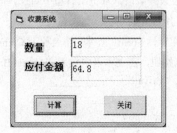

图 2　第 3 题运行结果

习题一参考答案

一、选择题

1-16　DDCDB　ACCBB　BADBC　D

二、填空题

1．对象，事件驱动

2．主窗口、窗体设计窗口、工程资源窗口、属性窗口、布局窗口、工具箱

3．设计模式、运行模式、中断模式

4．预定义对象、自定义对象

5．属性

6．属性窗口、代码

7．对象名、下划线、事件名

8．Load

9．内部控件

10．属性、事件、方法

11．中间、代码编辑

12．（1）Command1_Click()　　（2）Text1="Visual Basic 程序设计"

三、简答题

（略）

四、编程题

1．（略）

2．【操作步骤】

（1）启动 VB，选择"标准 EXE"，进入 Visual Basic 6.0 集成开发环境。

（2）在窗体 Form1 的"属性"窗口选择窗体的标题属性 Caption，设置属性值为"输入"。

（3）单击控件工具箱中的标签控件按钮"A"，在窗体上适当位置画出两个标签 Label1、Label2。

（4）选中窗体上标签控件 Label1→在"属性"窗口选择 Label1 的标题属性 Caption→输入属性值"用户名"；再选择属性"字体"→设置字体属性值：粗体、小四号。同样设置标签控件 Label2 的字体属性值：粗体、小四号，设置 AutoSize 属性值为 True。

（5）单击控件工具箱中的文本框控件 ，在窗体上画出文本框。

（6）单击控件工具箱中的命令按钮控件 ，在窗体上适当位置画出两个命令按钮 Command1、Command2。

（7）选中命令按钮控件 Command1→在"属性"窗口选择标题属性 Caption→输入属性值"提交"，同样设置 Command2 的 Caption 属性值为"取消"。

（8）在窗体上双击"提交"命令按钮，在代码编辑窗口中输入命令按钮 Command1 的单击（Click）事件代码如下：

```
Private Sub Command1_Click()
        Label2.Caption = "用户名正确"
End Sub
```

同样方法，编写命令按钮 Command2 的单击（Click）事件代码如下：

```
Private Sub Command2_Click()
        Label2.Caption = "用户名不正确"
End Sub
```

（9）单击工具栏中保存按钮，保存窗体文件名为：Ex0102.frm，保存工程文件名为：Ex0102.vbp。

（10）单击工具栏中运行按钮，执行程序。

3.【操作步骤】

（1）启动 VB，选择"标准 EXE"，进入 Visual Basic 6.0 集成开发环境。

（2）保存窗体文件名为：Ex0103.frm，保存工程文件名为：Ex0103.vbp。

（3）参照第 2 题操作步骤（2）～（7）的方法为窗体添加控件，并设置各对象的属性。

（4）在代码编辑窗口输入命令按钮 Command1 的单击（Click）事件代码如下：

```
Private Sub Command1_Click()
        a=Val(Text1.Text)
        Text2.Text=3.6*a
End Sub
```

同样方法，编写命令按钮 Command2 的单击（Click）事件代码如下：

```
Private Sub Command2_Click()
        End
End Sub
```

习题二

一、选择题

1. 下列可作为 Visual Basic 变量名的是（　　）。

　　A）4b　　　　　　　　　B）m1　　　　　　　　C）#k　　　　　　　　D）Print

2. 输入圆的半径 r（可能为小数），则 r 定义正确的是（　　）。

　　A）Dim r As Integer　　　　　　　　B）Dim r As Long

　　C）Dim r As Single　　　　　　　　D）Dim r As Single

3. 表达式 $3 * 3 \wedge 2 + 4 * 2 \backslash 5 + 3 \wedge 2$ 的值是（　　）。

　　A）37.6　　　　　　　B）91.6　　　　　　　C）36　　　　　　　D）37

4. 以下不能输出"Program"的语句是（　　）。

　　A）Print　Mid("VBProgram", 3, 7)　　　　B）Print　Right("VBProgram", 7)

　　C）Print　Mid("VBProgram", 3)　　　　　D）Print　Left("VBProgram", 7)

5. 若 a = 4: b = 5: c = 6，执行语句 Print a<b And b<c 后，窗体上显示的是（　　）。

　　A）True　　　　　　　B）False　　　　　　C）出错　　　　　　　D）0

6. 下列能正确产生[1,30]之间的随机整数的表达式是（　　）。

　　A）1+rnd(30)　　　B）1+30*rnd()　　　C）rnd(1+30)　　　D）int(rnd()*30)+1

7. 设 A=3，B=5，则以下表达式值为真的是（　　）。

　　A）A>=B And B>10　　　　　　　　B）(A>B) Or (B>0)

　　C）(A<0) And (B>0)　　　　　　　　D）(-3+5>A) And (B>0)

8. 设 A="Visual Basic"，下面使 B="Basic"的语句是（　　）。

 A）B=Left(A,8,12) B）B=Mid(A,8,5)

 C）B=Rigth(A,5,5) D）B=Left(A,8,5)

9. 执行语句 S=Len(Mid("Visualbasic",1,6))后，S 的值是（　　）。

 A）Visual B）Basic C）6 D）11

10. 以下关系表达式中，其值为 False 的是（　　）。

 A）"ABC">"Abc" B）"The"<>"They"

 C）"VISUAL"=Ucase("Visual") D）"Integer">"Int"

二、填空题

1. 产生[1,50]之间的随机整数的表达式是_____。

2. String(3, "Hello")的功能是_____。

3. Len("VB 程序设计")=_____。

三、编程题

利用 InputBox 输入框接收用户输入的英文字符串，然后将其全部转换成大写在窗体打印输出。

习题二参考答案

一、选择题

1-10 BCDDA DBBCA

二、填空题

1. 1+Int(Rnd()*50)

2. 重复 3 次输出字符串"Hello"的首字母

3. 7

三、编程题

程序代码如下：

```
Private Sub Form_Click()
    s = InputBox("输入英文字符串：")
    Print UCase(s)
End Sub
```

习题三

一、选择题

1. VB 提供了结构化程序设计的基本结构，分别是（　　）。

 A）选择结构、递归结构、循环结构 B）选择结构、过程结构、顺序结构

 C）过程结构、输入和输出结构、转向结构 D）顺序结构、选择结构、循环结构

2. 下面正确的赋值语句是（　　　）。

A）x+y=30　　　　　　B）y=x+30　　　　　C）y=π*x*x　　　　　D）3=x+y

3. 语句 i=i+1 的正确含义是（　　　）。

A）变量 i 的值与 i+1 的值相等　　　　　B）将变量 i 的值保存到 i+1 中去

C）将变量 i 的值+1 后赋值给变量 i　　　D）变量 i 的值为 1

4. 下列叙述中正确的（　　　）。

A）一个程序代码行写入一条语句

B）赋值语句结束时，可以使用分号或逗号作为结束符

C）字符型数据可以用英文的双引号或单引号括起来

D）当用 Print 输出多个输出项时，不可以使用冒号 "：" 作为输出项的分隔符

5. 语句 Print "Sqr（25）=";Sqr(25)的输出结果为（　　　）。

A）Sqr(25)=Sqr(25)　　　　　　　　　B）Sqr(25)=5

C）"5=5　　　　　　　　　　　　　　D）5=Sqr(25)

6. 为了给 x，y，z 三个变量赋初值 1，正确的赋值语句是（　　　）。

A）x=1: y=1: z=1　　　B）x=1, y=1, z=1　　　C）x=y=z=1　　　D）x,y,x=1

7. 赋值语句 g = 123 & Mid("123456", 3, 2)执行后，变量 g 中的值是（　　　）。

A）"12334"　　　　　　B）123　　　　　　　C）12334　　　　　　D）157

8. 下列哪组语句可以将变量 a，b 的值互换？（　　　）。

A）a=b: b=a　　　　　　　　　　　　B）a=a+b: b=a-b: a=a-b

C）a=c: c=b: b=a　　　　　　　　　　D）a=(a+b)/2: b=(a-b)/2

9. 语句 Print Format ("HELLO", "<") 的输出结果是（　　　）。

A）HELLO　　　　　　B）hello　　　　　　C）He　　　　　　D）he

10. 下面程序段执行后，输出结果是（　　　）。

```
a=0:b=1
a=a+b:b=a+b:Print a;b
a=a+b:b=a+b:Print a;b
a=b-a:b=b-a:Print a;b
```

A）1　　　2　　　　B）3　　　5　　　　C）1　　　2　　　　D）1　　　2

　　3　　　4　　　　　　2　　　3　　　　　　3　　　4　　　　　　3　　　5

　　3　　　4　　　　　　1　　　2　　　　　　2　　　3　　　　　　2　　　3

11. 语句 If x=1 Then y=1，下面说法正确的是（　　　）。

A）x=1 和 y=1 都是赋值语句

B）x=1 和 y=1 都是关系表达式

C）x=1 为关系表达式，y=1 是赋值语句

D）x=1 是赋值语句，y=1 是关系表达式

12. 下列循环语句所确定的循环次数是（　　　）。

FOR K=2E2 TO 100 STEP -2*10

A）6　　　　　　　　　B）5　　　　　　　　C）4　　　　　　　　D）3

13. 写出下列程序段的运行结果（　　　）。

S=0

For i=10 to 50 Step 15

```
S=s+i
Next i
If i>50 Then s=s+i    Else s=s-i
Print s
```

A）20　　　　　　　B）130　　　　　　　C）75　　　　　　　D）35

14. 写出下列程序段的运行结果（　　　）。

```
Dim s As String,y As String,t As String,x As String
X="12Aa3b4B5":y=""
For k=1 To Len(s)
    X=Mid(s,k,1)
    T=UCase(x)
    If t>="A" And t<="Z" Then
        Y=y+x
    End If
Next k
Print y
```

A）1234　　　　　　B）AB　　　　　　　C）cd　　　　　　　D）AabB

15. 以下程序代码所进行计算的数学式是（　　　）。

```
S=1:n=2
Do While n<1000
    S=s+n
    N=n+2
Loop
Print "S=";s
```

A）S=1+2+4+6+……+998　　　　　　B）S=1+2+4+6+……+1000

C）S=2+4+6+……+998　　　　　　　D）S=2+4+6+……+1000

16. 若要定义两个整型变量和一个字符型变量，下列语句正确的是（　　　）。

A）Dim x,y As Integer,n As String　　　B）Dim x%,y As Integer,n As String

C）Dim x%,y$,n As String　　　　　　　D）Dim x As Integer,y,n As String

17. 用语句 Dim A(-3 to 5）As Long 定义的数组元素个数是（　　　）。

A）7　　　　　　　　B）8　　　　　　　　C）9　　　　　　　　D）10

18. 用语句 Dim A(3, -3 to 0,3 to 6) As Long 定义的数组元素个数是（　　　）。

A）12　　　　　　　B）27　　　　　　　C）64　　　　　　　D）80

19. 声明 Dim arr(1 To 3, 4)后，在缺省状态下，使用（　　　）将出现下标越界。

A）arr(1, 1)　　　　B）arr(1, 0)　　　　C）arr(0, 1)　　　　D）arr(3, 4)

20. 下面（　　　）语句与声明动态数组无关。

A）Dim x()　　　　　B）Dim x(5)　　　　C）ReDim x(10)　　　　D）ReDim x(10,10)

21. 执行下面程序后，输出的结果是（　　　）。

```
Private Sub Form_Click()
Dim M(10) As Long, N(10) As Long
i = 3
For t = 1 To 5
    M(t) = t
    N(i) = 2 * i + t
```

```
        Next t
        Print N(i); M(i)
        End Sub
```

A）3　11　　　　　　　B）3　15　　　　　　C）11　3　　　　　　D）15　3

22．执行下面程序后，输出的结果是（　　　）。
```
    Private Sub Form_Click()
    Dim a()
    a = Array(1, 2, 3, 4)
    j = 1
    For i = 3 To 0 Step -1
        s = s + a(i) * j
        j = j * 10
    Next i
    Print s
    End Sub
```

A）1234　　　　　　　B）4321　　　　　　　C）12　　　　　　　　D）34

23．执行下面程序后，输出的结果是（　　　）。
```
    Private Sub Form_Click()
    Dim M(10)
    For k = 1 To 10
        M(k) = 11 - k
    Next k
    x = 6
    Print M(2 + M(x))
    End Sub
```

A）2　　　　　　　　　B）3　　　　　　　　　C）4　　　　　　　　　D）5

24．执行下面程序后，输出的结果是（　　　）。
```
    Private Sub Form_Click()
    Dim a(10) As Integer, p(3) As Integer
    k = 5
    For i = 1 To 10
        a(i) = i
    Next i
    For i = 1 To 3
        p(i) = a(i * i)
    Next i
    For i = 1 To 3
        k = k + p(i) * 2
    Next i
    Print k
    End Sub
```

A）33　　　　　　　　　B）28　　　　　　　　C）35　　　　　　　　D）37

25．执行下面程序后，输出的结果是（　　　）。
```
    Private Sub Form_Click()
    Dim a(10, 10) As Integer
    For i = 2 To 4
```

```
      For j = 4 To 5
            a(i, j) = i * j
        Next j
      Next i
      Print a(2, 5) + a(3, 4) + a(4, 5)
      End Sub
```

  A）22   B）42   C）32   D）52

二、填空题

1．执行语句 Print Format(123.5,"$000,###")的输出结果是＿＿＿＿＿。

2．VB 具有结构化程序设计的三种基本结构，分别是＿＿＿＿＿、＿＿＿＿＿和＿＿＿＿＿。

3．Do…Loop 循环分为前测型和后测型循环结构，执行方式是：前测型循环结构为＿＿＿＿＿后执行；后测型循环结构为先＿＿＿＿＿后＿＿＿＿＿。

4．已知变量 CharS 中存放一个字符，以下程序段用于判断该字符是数字、字母还是其他字符，并输出结果。补充下列程序代码。

```
      Select Case CharS
        Case ___(1)___
            Print "这是数字"
        Case ___(2)___
            Print "这是字母"
        Case ___(3)___
            Print "这是其他字符"
      End Select
```

5．以下程序的功能是：通过键盘输入若干个学生的分数，当输入负数时结束输入，然后输出其中的最高分和最低分。

```
      Dim x As Single,amax As Single,amin As Single
      x=InputBox("输入成绩")
      amax=x:amin=x
      Do While ___(1)___
        If x>amax Then
      amax=x
        End If
        If ___(2)___ Then
      amin=x
        End If
        ___(3)___
      Loop
      Print "最高分=";amax,"最低分=";amin
```

6．设 n、s 均为整型变量，初值分别 1 和 10。以下循环语句的循环体各执行多少次，循环结束后 n 值各是多少？（1）＿＿＿，n=＿＿＿；（2）＿＿＿，n=＿＿＿；（3）＿＿＿，n=＿＿＿；（4）＿＿＿，n=＿＿＿。

  （1）Do While n<=s   （2）Do Until n*s>40

    n=n+3   n=n*2

    Loop   Loop

  （3）Do   （4）Do

```
        N=3*n                              n=s\n
        Loop Until n>2                     n=n+2
                                           Loop While n<s
```

7. 求 S=1+1/2+1/3+1/4+……+1/n 的前 n 项之和，当 S 第一次大于或等于 6 时终止计算，此时项数 n 为 _____。

8. 设有数组声明语句：
```
Option Base 1
Dim a(3,-1 To 2)
```
以上语句所定义的数组 a 为____维数组，共有____个元素，第一维下标是_____，第二维下标是_____。

9. 在 VB 中有两种形式的数组：____数组和____数组。

10. 在 VB 中，允许声明一维数组和多维数组，但最多允许____维。

三、程序阅读题

1. 执行下面程序段后，变量 c$ 的值为_____。
```
a = "学习 Visual Basic 编程"
b = "我们"
c$ = b & "喜欢" & UCase(Mid(a, 10, 5))
```

2. 执行下面程序后，显示的结果是_____。
```
Private Sub Form_Click()
Dim x As Integer
x = Int(Rnd) + 4
Select Case x
Case 5
        Print "优秀"
Case 4
        Print "良好"
Case 3
    Print "及格"
Case Else
    Print "不及格"
End Select
End Sub
```

3. 执行下面程序段后，变量 x 的值为_____。
```
Dim x As Integer
x = 5
For i = 1 To 20 Step 3
    x = x + i \ 5
Next i
```

4. 执行下面程序后，输出的结果是_____。
```
Private Sub Form_Click()
Dim x As Integer
For i = 1 To 3
  For j = 1 To i
```

```
            For k = j To 3
                  x = x + 1
            Next k
         Next j
      Next i
   Print x
   End Sub
```

5. 执行下面程序后，输出的结果是_____。

```
   Private Sub Form_Click()
   Dim x As Integer
   x = 0
   Do While x < 50
         x = (x + 2) * (x + 3)
         n = n + 1
   Loop
   Print "x="; x; "n="; n
   End Sub
```

6. 执行下面程序后，输出的结果是_____。

```
   Private Sub Form_Click()
   Dim x As Integer, a As Integer
   x = 0
   For j = 1 To 5
         a = a + j
   Next j
   x = j
   Print x, a
   End Sub
```

7. 以下程序的循环次数是_____。

```
   For j = 8 To 35 Step 3
      Print j;
   Next j
```

8. 执行下面程序，输入 4 后，程序输出的结果是_____。

```
   Private Sub Form_Click()
   x = InputBox(x)
   If x ^ 2 < 15 Then y = 1 / x
   If x ^ 2 > 15 Then y = x ^ 2 + 1
   Print y
   End Sub
```

9. 执行下面程序后，输出的结果是_____。

```
   Private Sub Form_Click()
   Dim sum As Integer
   sum% = 19
   sum = 2.23
   Print sum%; sum
   End Sub
```

10．执行下面程序后，输出的结果是_____。

```
Private Sub Form_Click()
a = 100
Do
    s = s + a
    a = a + 1
Loop Until a > 100
Print a
End Sub
```

11．执行下面程序后，输出的结果是_____。

```
Private Sub Form_Click()
a = "ABCD"
b = "efgh"
c = LCase(a)
d = UCase(b)
Print c + d
End Sub
```

12．执行下面程序后，输出的结果是_____。

```
Private Sub Form_Click()
x = 2: y = 4: z = 6
x = y: y = z: z = x
Print x; y; x
End Sub
```

13．执行下面程序后，输出的结果是_____。

```
Private Sub Form_Click()
Dim count As Integer
count = 0
While count < 20
    count = count + 1
Wend
Print count
End Sub
```

14．执行下面程序后，输出的结果是_____。

```
Private Sub Form_Click()
a = "*": b = "$"
For k = 1 To 3
    x = Str(Len(a) + k) & b
Print x;
Next k
End Sub
```

15．执行下面程序后，输出的结果是_____。

```
Private Sub Form_Click()
k = 0: a = 0
Do While k < 70
    k = k + 2
    k = k * k + k
```

```
        a = a + k
    Loop
    Print a
    End Sub
```

四、编程题

1．已知一元二次方程 $ax^2+bx+c=0$ $(a\neq 0)$的两个实根是：$x_{1,2}=\dfrac{-b\pm\sqrt{b^2-4ac}}{2a}$，编写窗体 Form1 的 Click 事件过程，用 InputBox 函数接收 a、b、c 的值，若 b^2-4ac≥0，输出两个实根；否则输出"方程无实根"的信息。

2．利用 InputBox 函数输入三角形的三条边 a、b、c 的值，计算三角形的面积，要求判断输入的三条边 a、b、c 的值能否构成三角形。面积公式如下：

$$s=\sqrt{t(t-a)(t-b)(t-c)}，其中\ t=\dfrac{a+b+c}{2}$$

3．输入一个十进制数，单击窗体时，将其转换成二进制数，在窗体上打印出来。试编写窗体的 Click 事件过程代码。

4．输入一个学生成绩，按如下要求评定其等级：90～100 分为"优秀"，80～89 分为"良好"，70～79 分为"中等"，60～69 分为"及格"，60 分以下为"不合格"。

5．编程求出 100 以内的所有素数，要求在窗体上每行输出 5 个素数。

6．在窗体上打印如图 3 所示的图形：

```
*********          A               1                   1
 *******          BB             2222                 121
  *****          CCC            33333               12321
   ***          DDDD           4444444             1234321
    *          EEEEE          555555555          123454321
   (a)           (b)             (c)                 (d)

    *             1               A                   1
   ***           222             BBB                 121
  *****         33333           CCCCC               12321
 *******       4444444         DDDDDDD             1234321
  *****         33333           CCCCC               12321
   ***           222             BBB                 121
    *             1               A                   1
   (e)           (f)             (g)                 (h)
```

图 3　打印图形

7．在窗体上使用文本框输入两个正整数，求解并输出它们的最小公倍数。

8．随机产生 10 个[0,100]之间的整数，并按升序存入一个数组中（排序算法不限）。

9．由键盘输入一个字符串，将字符串在窗体上倒序打印出来。

10．由键盘输入某数组的 20 个元素，要求将前 10 个元素与后 10 个元素对称互换，即第 1 个与第 20 个互换，第 2 个与第 19 个互换，……，第 10 个与第 11 个互换。输出原数组元素的值和互换后数组元素的值。

11．将"PLAY"转换成"TPEC"。转换规则为：将字母"A"变成"E"，即转换后变成其后的第 4 个字母，"X"变成"B"，"Y"变成"C"，"Z"变成"D"。

12．随机产生 25 个 1～100 之间的整数构成 5 行 5 列的矩阵，计算该矩阵的两条对角线元素之和（重复元素只计算一次）。并在窗体上输出该矩阵及两条对角线元素之和。

13．一只小球从 10 米高度自由下落，每次落地后反弹回原高度的 40%，再落下。那么小球在第 8 次落地时共经过了多少米？

14．鸡兔同笼问题。一笼中鸡兔共有 30 只，共有 100 只脚，编程求解鸡、兔各多少只？

15．有 7 个评委为歌手打分，去掉一个最高分和一个最低分后的平均分为歌手成绩，由键盘输入评委的打分，编程计算该歌手的成绩。

16．利用随机函数生成两位正整数的 4×4 矩阵，找出其中的最大数、最小数及其位置。

习题三参考答案

一、选择题

1-25　DBCDB　ACBBD　CABDA　BCCCB　CACAB

二、填空题

1．$000,124

2．顺序结构、选择结构、循环结构

3．先判断、循环、判断

4．（1）1 To 9　　（2）"a" To "z", "A" To "Z"　（3）Else

5．（1）x>=0　　（2）x<amin　　　（3）x = InputBox("输入成绩")

6．（1）13　　4　　（2）8　　3　　（3）3　　1　（4）12　　1

7．226　　　8．二、16、0~3、-1~2

9．一维、多维　　10．60

三、程序阅读题

1．我们喜欢 BASIC　　2．良好　　　　　3．16　　　　　4．14

5．x=72; n=2　　6．6, 15　　　　　7．10　　　　　8．17

9．2; 2　　　10．101　　　　11．abcdEFGH　　12．4; 6; 4

13．20　　　14．2$　　3$　　4$　　15．78

四、编程题

（略）

习题四

一、选择题

1．以下叙述中正确的是（　　）。

　A）窗体的 Name 属性指定窗体的名称，用来标识一个窗体

　B）窗体的 Name 属性值是显示在窗体标题栏中的文本

　C）可以在运行期间改变对象的 Name 属性值

　D）对象的 Name 属性值可以为空

2．当启动程序时，系统自动执行启动窗体的（　　）事件过程。

    A）Load   B）Unload   C）Click   D）DblClick

3．将数据项"China"添加到列表框 List1 中成为第 3 项，应使用（   ）语句。

    A）List1.AddItem "China"，3   B）List1.AddItem "China",2

    C）List1.AddItem 3,"China"   D）List1.AddItem 2,"China"

4．若要使标签框的大小自动与所显示的文本相适应，则可通过设置其（   ）属性值为 True 来实现。

    A）AutoSize   B）Alignment   C）Appearance   D）Visible

5．复选框或单选按钮的当前状态通过（   ）属性来设置或访问。

    A）Value   B）Checked   C）Selected   D）Caption

6．如果每秒触发 10 次计时器的 Timer 事件，那么计时器的 Interval 属性应设为（   ）。

    A）1   B）10   C）100   D）1000

7．设置滚动条控件所能表示最大值的属性是（   ）。

    A）LargeChange   B）Max   C）Value   D）Min

8．决定窗体标题栏内容的属性是（   ）。

    A）Index   B）Caption   C）Name   D）BackStyle

9．在程序运行时，可实现信息输入的控件是（   ）。

    A）窗口   B）单选按钮   C）图片框   D）标签

10．确定控件在窗体上位置的属性是（   ）。

    A）Width 和 Height   B）Width 和 Top

    C）Top 和 Left   D）Top 和 Height

11．在 Visual Basic 的控件数组中，用于标识控件数组各个元素的参数是（   ）。

    A）Tag   B）Index   C）ListIndex   D）Name

12．若要求在单行文本框中输入密码时只显示*号，则应在该文本框的属性窗口中设置（   ）。

    A）Text 属性值为*   B）Caption 属性值为*

    C）PasswordChar 属性值为*   D）PasswordChar 属性值为 True

13．设置图像框 Image1 的（   ）属性，可以自动调整装入图形的大小以适应图像框的尺寸。

    A）AutoSize   B）Appearance   C）Align   D）Stretch

14．下列控件中，没有 Caption 属性的是（   ）。

    A）框架   B）复选框

    C）标签   D）组合框

15．设置一个单选按钮（OptionButton）所代表选项的选中状态，应当在属性窗口中改变的属性是（   ）。

    A）Caption   B）Name

    C）Value   D）Text

16．如果设置文本框最多可以接收的字符数，则可以使用（   ）属性。

    A）Length   B）Multiline

    C）Max   D）MaxLength

二、填空题

1．复选框的_____属性设置为 2-Grayed 时，将变为灰色，禁止用户使用。

2．Visual Basic 中有一种控件组合了文本框和列表框的特点，这种控件是_____。

3．为了在程序运行时把 d:\pic 文件夹中的图形文件 a.jpg 装入图片框 Picture1，所使用的语句为_____。

4．计时器控件能有规律地以一定的时间间隔触发＿＿＿＿＿＿事件，并执行该事件过程中的程序代码。

5．图像框和图片框在使用时有所不同，这两个控件中，能作为容器容纳其它控件的是＿＿＿＿＿＿。

6．单击滚动条的箭头时，滚动条默认滚动值为1。为了实现单击滚动条的箭头时，滚动条的滚动值为2，需要将其＿＿＿＿＿＿属性设置为2。

7．在窗体中添加一个命令按钮 Command1，并编写如下程序：

```
PrivateSubCommand1_Click()
x=InputBox(x)
Ifx^2=9Theny=x
Ifx^2<9Theny=1/x
Ifx^2>9Theny=x^2+1
Print y
EndSub
```

程序运行后，在 InputBox 中输入 3，单击命令按钮，程序的运行结果是＿＿＿＿＿＿。

8．窗体中有两个命令按钮："显示"（控件名为 cmdDisplay）和"测试"（控件名为 cmdTest）。当单击"测试"按钮时，执行的事件的功能是在窗体中出现消息框并选中其中的"确定"按钮时，隐藏"显示"按钮；否则退出，请在下划线处填入适当的内容，将程序补充完整。

```
PrivateSubcmdtest_Click()
Answer=＿＿＿＿＿＿ ("隐藏按钮",1)
IfAnswer=bOKThen
cmddisplay.Visible=＿＿＿＿＿＿
Else
End
End If
End Sub
```

三、编程题

1．在 Form 的 Load 事件编写一段程序，利用 Inputbox 函数输入 3 门课的成绩，然后计算出这 3 门课的总分和平均分，以消息框显示出来。

2．如图 4 所示，编写程序实现在文本框 Text1 中输入一个 1900 年以后的年份，判断并用消息框输出该年份所对应的生肖。已知 1900 年对应的生肖是鼠；12 生肖的顺序是：鼠牛虎兔龙蛇马羊猴鸡狗猪。

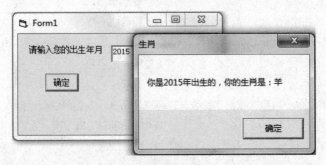

图 4　程序运行结果

3．如图 5 所示，编写程序通过单选按钮和复选按钮改变文本框中文本的字体、字型和颜色。

4．编写程序，窗体上有两个列表框，左侧列表框列出若干个城市名称，当双击某个城市名时，这个城市名添加到右侧列表框中。

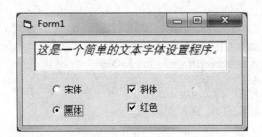

图 5 程序运行结果

5．编程序计算圆面积，如图 6 所示，在文本框 Text1 中输入半径的值，单击"计算"命令按钮后，在文本框 Text2 中以只读方式显示出计算结果。

图 6 程序运行结果

6．如图 7 所示，设计用户登录界面，输入用户名和密码后，单击"登录"按钮后检测用户名和口令是否正确，若正确，则显示信息框"口令正确，允许登录!"，若不正确，则显示信息框"用户名或口令不正确，请重新输入!"。

图 7 程序运行结果

习题四参考答案

一、选择题

1-16 AABAA CBBBC BCDDC D

二、填空题

1．Enabled   2．组合框   3．Picture1.Picture = LoadPicture("d:\a.jpg")

4．Timer   5．图片框   6．SmallChange

7．3   8．MsgBox False

三、编程题

1. Private Sub Form_Load()

```
Dim a As IntegerDim b As IntegerDim c As IntegerDim
 a = InputBox("请输入第一门课的成绩")
 b = InputBox("请输入第二门课的成绩")
 c = InputBox("请输入第三门课的成绩")
 s = a + b + c
 ave = s / 3
 MsgBox ("3 门课的总分是" & s & "，平均分是" & ave)
 End Sub
```

2.【操作步骤】

（1）启动 VB 新建工程，进入 Visual Basic 6.0 集成开发环境。

（2）单击"文件"菜单，选择"保存工程"菜单项，保存该工程。

（3）用户界面（窗体 Form1）设计：在窗体上设置 1 个标签 Label1，1 个文本框 Text1，1 个命令按钮 Command1，并设置它们的属性如表 4-4 所示。

表 4-4　对象属性设置

对象名称	属性	属性值
Command1	Caption	确定
Label1	Caption	请输入您的出生年月

双击 Command1 并在代码窗口中输入以下代码。

```
Private Sub Command1_Click()
Dim sx As Variant
Dim ny As Integer
Dim sh As String
sx = Array("鼠", "牛", "虎", "兔", "龙", "蛇", "马", "羊", "猴", "鸡", "狗", "猪")
ny = Val(Text1.Text)
sh = sx((ny - 1900) Mod 12)
a = MsgBox("你是" & ny & "年出生的，你的生肖是：" & sh, 0, "生肖")
End Sub
```

3.【操作步骤】

（1）启动 VB 新建工程，进入 Visual Basic 6.0 集成开发环境。

（2）单击"文件"菜单，选择"保存工程"菜单项，保存该工程。

（3）用户界面（窗体 Form1）设计：在窗体上拖放一个 Text1 控件，两个选项按钮控件 Option1、Option2，两个复选框控件 Check1、Check2，并设置它们的属性如表 4-5 所示。

表 4-5　对象属性设置

对象名称	属性	属性值
Text1	Text	这是一个简单的文本字体设置程序。
Option1	Caption	宋体
Option2	Caption	黑体
Check1	Caption	斜体
Check2	Caption	红色

（4）在代码编辑窗口中输入以下代码：

```
Private Sub Check1_Click()
If Check1.Value = 1 Then
    Text1.FontItalic = True
Else
    Text1.FontItalic = False
End If
End Sub
Private Sub Check2_Click()
If Check2.Value = 1 Then
    Text1.ForeColor = RGB(255, 0, 0)
Else
    Text1.ForeColor = RGB(0, 0, 0)
End If
End Sub
Private Sub Option1_Click()
If Option1.Value = True Then
    Text1.FontName = "宋体"
End If
End Sub
Private Sub Option2_Click()
If Option2.Value = True Then
    Text1.FontName = "黑体"
End If
End Sub
```

4．【操作步骤】

（1）启动 VB 新建工程，进入 Visual Basic 6.0 集成开发环境。

（2）单击"文件"菜单，选择"保存工程"菜单项，保存该工程。

（3）用户界面（窗体 Form1）设计：在窗体上拖放两个 List 控件，在 List1 控件的"属性"窗口的 List 属性中输入若干城市名称，双击 List1 并在代码编辑窗口中输入以下代码：

```
Private Sub List1_DblClick()
List2.AddItem List1.Text
End Sub
```

5．【操作步骤】

（1）启动 VB 新建工程，进入 Visual Basic 6.0 集成开发环境。

（2）单击"文件"菜单，选择"保存工程"菜单项，保存该工程。

（3）用户界面（窗体 Form1）设计：在窗体上拖放两个 Label 控件，两个 Text 控件，两个 Command 命令按钮控件，并设置它们的属性如表 4-6 所示。

表 4-6 对象属性设置

对象名称	属性	属性值
Form1	Caption	计算圆的面积
Command1	Caption	计算
Command2	Caption	关闭

续表

对象名称	属性	属性值
Label1	Caption	输入半径
Label2	Caption	圆的面积
Text2	Locked	True

（4）在代码编辑窗口中输入以下代码：

```
Private Sub Command1_Click()
  Dim r, area As Single
  r = Text1.Text
  area = 3.14 * r * r
  Text2.Text = area
End Sub

Private Sub Command2_Click()
  End
End Sub
```

6.【操作步骤】

（1）启动 VB 新建工程，进入 Visual Basic 6.0 集成开发环境。

（2）单击"文件"菜单，选择"保存工程"菜单项，保存该工程。

（3）用户界面（窗体 Form1）设计：在窗体上拖放两个 Label 控件，两个 Text 控件，两个 Command 命令按钮控件，并设置它们的属性如表 4-7 所示。

表 4-7　对象属性设置

对象名称	属性	属性值
Form1	Caption	登录
Command1	Caption	登录
Command2	Caption	退出
Label1	Caption	用户名
Label2	Caption	口令

（4）在代码编辑窗口中输入以下代码：

```
Private Sub Command1_Click()
'假定用户名为 user1，对应的密码为 1234
If Text1.Text = "user1" And Text2.Text = "1234" Then
    MsgBox "口令正确，允许登录!"
Else
    MsgBox "口令不正确，请重新输入!"
End If
End Sub

Private Sub Command2_Click()
  End
End Sub
```

习题五

一、选择题

1．菜单编辑器中，哪一个选项输入希望在菜单栏上显示的文本（　　）。

A）标题　　　　　　　B）名称　　　　　　　C）索引　　　　　　　D）访问键

2．下面哪个属性可以控制菜单项可见或不可见？（　　）。

A）Hide　　　　　　　B）Checked　　　　　　C）Visible　　　　　　D）Enabled

3．下面说法不正确的是（　　）。

A）下拉式菜单和弹出式菜单都是由菜单编辑器创建的

B）在多窗体程序中，每个窗体都可以建立自己的菜单系统

C）下拉式菜单中的菜单项不可以作为弹出式菜单显示

D）如果把一个菜单项的 Enable 属性设置为 False，则该菜单项不可见

4．菜单控件只有一个（　　）事件。

A）MouseUp　　　　　B）Click　　　　　　　C）DBClick　　　　　　D）KeyPress

5．下面说法不正确的是（　　）。

A）顶层菜单不允许设置快捷键

B）要使菜单项中的文字具有下划线，可在标题文字前加&符号

C）有一菜单项名为 MenuTerm，则语句 MenuTerm.Enable = False 将使该菜单项失效

D）若希望在菜单中显示"&"符号，则在标题栏中输入"&"符号

6．要将通用对话框 CommonDialog1 设置成不同类型的对话框，应通过（　　）属性来设置。

A）Name　　　　　　　B）Action　　　　　　C）Tag　　　　　　　　D）Left

7．以下叙述中错误的是（　　）。

A）在程序运行时，通用对话框控件是不可见的

B）在同一个程序中，用不同的方法（如 ShowSave）打开的通用对话框具有不同的作用

C）调用通用对话框控件的 ShowOpen 方法，可以直接打开该通用对话框中指定的文件

D）调用通用对话框控件的 ShowColor 方法，可以打开颜色对话框

二、填空题

1．Visual Basic 中的菜单可分为＿＿＿＿＿＿＿菜单和＿＿＿＿＿＿＿菜单。

2．如要在菜单中设计分隔线，则应将菜单项的标题设置为＿＿＿＿＿＿＿。

3．假定有一个通用对话框 CommonDialog1，除了可以用 CommonDialog1.Action=3 显示颜色对话框外，还可以用＿＿＿＿＿＿＿方法显示。

4．在显示字体对话框之前必须设置＿＿＿＿＿＿＿属性，否则将发生不存在字体的错误。

5．弹出式菜单，可使用＿＿＿＿＿＿＿方法。

6．可通过快捷键＿＿＿＿＿＿＿打开菜单编辑器。

7．MDI 窗体是子窗体的容器，在该窗体中可以有＿＿＿＿＿＿＿、工具栏和状态栏。

8．MDI 子窗体是一个＿＿＿＿＿＿＿为 True 的普通窗体。

三、编程题

创建如图 8 所示的菜单系统，其中"文件"菜单具有：打开、保存和退出功能；"格式"菜单可以改变文本框中字体的样式及颜色。

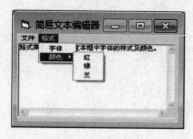

图 8　运行结果

习题五参考答案

一、选择题

1-7　ACDBD　BC

二、填空题

1. 下拉式　弹出式　2. -　　　　3. ShowColor　　　　4. Flags

5. PopupMenu　　　6. Ctrl+E　　　7. 菜单栏　　　　　8. MDIChild

三、编程题

【操作步骤】

（1）启动 VB 新建工程，进入 Visual Basic 6.0 集成开发环境。

（2）单击"文件"菜单，选择"保存工程"菜单项，保存该工程。

（3）用户界面（窗体 Form1）设计：在窗体上拖放一个 Text 控件。选择"工程"菜单的"部件"命令，打开"部件"对话框，选定"Microsoft Common Dialog Control 6.0"，单击"确定"按钮即可将通用对话框控件添加到控件工具箱中，在窗体上拖放一个 CommonDialog 控件。

（4）在窗体上右击，选择"菜单编辑器"命令，打开"菜单编辑器"对话框，如图 9 所示设置各菜单项。

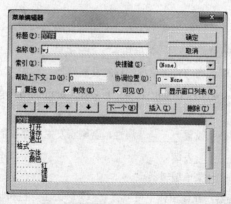

图 9　菜单项

（5）在代码编辑窗口中输入以下代码：

```
Private Sub dk_Click()
  CommonDialog1.Filter = "文本文件(*.txt)|*.txt|"
  CommonDialog1.ShowOpen          '显示打开文件对话框
  Open CommonDialog1.FileName For Input As #1
  Do While Not EOF（1）
      Text1.Text = Text1.Text + Input(1, #1)
      Loop
      Close #1
End Sub
Private Sub bc_Click()
CommonDialog1.Filter = "文本文件|*.txt|"
  CommonDialog1.ShowSave          '显示保存文件对话框
  Open CommonDialog1.FileName For Output As #1
  Write #1, Text1.Text
  Close #1
End Sub
Private Sub zt_Click()
  CommonDialog1.Action = 4
  Text1.FontName = CommonDialog1.FontName
  Text1.FontSize = CommonDialog1.FontSize
  Text1.FontBold = CommonDialog1.FontBold
  Text1.FontItalic = CommonDialog1.FontItalic
  Text1.FontUnderline = CommonDialog1.FontUnderline
End Sub
Private Sub qc_Click()
  End
End Sub
Private Sub blue_Click()
Text1.ForeColor = vbBlue
End Sub
Private Sub green_Click()
Text1.ForeColor = vbGreen
End Sub
Private Sub red_Click()
Text1.ForeColor = vbRed
End Sub
```

习题六

一、选择题

1．在过程定义中用（　　）表示形参的传值。

A）Var　　　　　　　　B）ByRef　　　　　　C）ByVal　　　　　　D）ByValue

2．若已经编写一个 Sort 子过程，在该工程中有多个窗体，为了方便调用 Sort 子程序，应该将子过程放在（　　）中。

    A）窗体模块　　　　　　B）类模块　　　　　　C）工程　　　　　　D）标准模块

3．下面的子过程语句说明合法的是（　　）。

    A）Sub f1(ByVal n%())　　　　　　　　B）Sub f1(n%) As Integer

    C）Function f1%(f1%)　　　　　　　　D）Function f1(ByVal n%)

4．要想从子过程调用后返回两个结果，下面子过程语句说明合法的是（）。

    A）Sub f(ByVal n%, ByVal m%)　　　　B）Sub f(n%, ByVal m%)

    C）Sub f(ByVal n%, m%)　　　　　　　D）Sub f(n%, m%)

5．下列叙述中正确的是（　　）。

    A）在窗体的 Form_Load 事件过程中定义的变量是全局变量

    B）局部变量的作用域可以超出所定义的过程

    C）在某个 Sub 过程中定义的局部变量可以与其他事件过程中定义的局部变量同名，但其作用域只限于该过程

    D）在调用过程时，所有局部变量被系统初始化为 0 或空字符串

6．以下关于变量作用域的叙述中，正确的是（　　）。

    A）窗体中凡被声明为 Private 的变量只能在某个指定的过程中使用

    B）全局变量必须在标准模块中声明

    C）模块级变量只能用 Private 关键字声明

    D）Static 类型变量的作用域是它所在的窗体或模块文件

7．可以在窗体模块的通用声明段中声明（　　）。

    A）全局变量　　　B）全局常量　　　C）全局数组　　　D）全局用户自定义类型

8．以下关于函数过程的叙述中，正确的是（　　）。

    A）函数过程形参的类型与函数返回值的类型没有关系

    B）在函数过程中，通过函数名可以返回多个值

    C）当数组作为函数过程的参数时，既能以传值方式传递，也能以传址方式传递

    D）如果不指明函数过程参数的类型，则该参数没有数据类型

9．以下叙述中错误的是（　　）。

    A）一个工程中可以包含多个窗体文件

    B）在一个窗体文件中用 Public 定义的通用过程不能被其他窗体调用

    C）窗体和标准模块需要分别保存为不同类型的磁盘文件

    D）用 Dim 定义的窗体层变量只能在该窗体中使用

10．下面的过程定义语句中合法的是（　　）。

    A）Sub Proc1(ByVal n())　　　　　　B）Sub Proc1(n) As Integer

    C）Function Proc1(Proc1)　　　　　　D）Function Proc1(ByVal n)

11．在过程中定义的变量，若希望在离开该过程后，还能保存过程中局部变量的值，则使用（　　）关键字在过程中定义局部变量。

    A）Dim　　　　　　B）Private　　　　　C）Public　　　　　D）Static

12．以下正确的描述是：在 Visual Basic 应用程序中，（　　）。

    A）过程的定义可以嵌套，但过程的调用不能嵌套

    B）过程的定义不可以嵌套，但过程的调用可以嵌套

C）过程的定义和过程的调用均可以嵌套

D）过程的定义和过程的调用均不能嵌套

13. 有子过程语句说明：Sub fSum(sum%,ByVal m%,ByVal n%)

且在事件过程中有如下变量说明：Dim a%,b%,c!

则下列调用语句中正确的是（   ）。

A）fsum a,a,b　　　　　B）fsum 2,3,4　　　　　C）fsuma+b,a,b　　　　　D）Call fsum (c,a,B)

14. 在过程调用中，参数的传递可以分为（   ）和按地址传递两种方式。

A）按值传递　　　　　B）按地址传递　　　　　C）按参数传递　　　　　D）按位置传递

15. 要想在过程调用后返回两个结果，下面的过程定义语句合法的是（   ）。

A）Sub Procl(ByVal n,ByVal m)　　　　　　B）Sub Procl(n,ByVal m)

C）Sub Procl(n,m)　　　　　　　　　　　D）Sub Procl(ByVal n,m)

二、填空题

1. 阅读下面程序，子过程 Swap 的功能是实现两个数的交换，请将程序填写完整。

```
Public Sub Swap(x As Integer, y As Integer)
Dim t As Integer
t = x : x = y : y = t
End Sub
Private Sub Command1_Click()
Dim a As Integer, b As Integer
a = 10 : b = 20
_____
Print "a = "; a , "b ="; b
End Sub
```

2. 下列程序中，fac 是求 n!的递归函数，请将程序填写完整。

```
Public Function fac(n As Integer)
If n = 1 Then fac = 1
Else fac = _____
End If
End Sub
```

3. 如下程序，运行的结果是_____(1)_____，函数过程的功能是_____(2)_____。

```
Public Function f(ByVal n% , ByVal r%)
If n <> 0 Then
f = f(n\r,r)
Print n Mod r;
End If
End Function
Private Sub Command1_Click()
Print f(100,8)
End Sub
```

4. 如下程序，运行的结果是_____(1)_____，函数过程的功能是_____(2)_____。

```
Public Function f(m% , m%)
Do While m <> n
Do While m > n:m = m - n:Loop
```

```
Do While m < n:n = n - m:Loop
Loop
f = m
End Function
Private Sub Command1_Click()
Print f(24,18)
End Sub
```

5．若两质数的差为 2，则称此对质数为质数对，下列程序是找出 100 以内的质数对，并成对显示结果。其中 IsP 是判断 m 是否为质数的函数过程。

```
Public Function IsP(m%) As Boolean
Dim i%
        (1)
For i = 2 to Int(Sqr(m))
If        (2)        Then IsP = False
Next i
End Function
Private Sub Command1_Click()
Dim i%
p1 = IsP(3)
For i = 5 to 100 step
p2 = IsP(i)
If        (3)        Then Print i-2；i
p1        (4)
Next i
End Sub
```

6．统计输入文章中的单词数，并将出现的定冠词 The 全部去除，同时统计删除定冠词的个数。假定单词以一个空格间隔。

```
Public Sub PWord(s% ,CountWord% ,CountThe%)
Dim len%,i%,st$
CountWord = 0:CountThe = 0
st = Trim(s)
        (1)
Do While i> 0
CountWord = CountWord + 1
st =        (2)
i = InStr(st," ")
Loop
CountWord = CountWord + 1
st = Trim(s)
        (3)
Do While i> 0
CountThe = CountThe + 1
st =        (4)
i = InStr(st,"The")
Loop
        (5)
End Sub
```

7. 全局变量必须在＿＿＿（1）＿＿＿模块中定义，所用的语句为＿＿＿（2）＿＿＿。

8. 设有以下函数过程：

Function Fun (m as Integer) As Integer

Dim k As Integer, Sum As Integer

Sum =0

For k = m To 1 Step-2

Sum =Sum +k

Next k

Fun =Sum

End Function

若在程序中用语句 s =fun(10)调用此函数，则 s 的值为＿＿＿＿＿。

习题六参考答案

一、选择题

1~15　CDDDC　BAABD　DBACB

二、填空题

1. Swap a,b　　　　　　　　　　2. n * fac(n-1)

3.（1）1　4　4　　　　　　（2）用递归函数实现将十进制数以 r 进制显示

4.（1）6　　　　　　　　　　（2）用辗转相减法求 m、n 的最大公约数

5.（1）IsP = True　　　（2）m Mod i = 0　　　（3）p1 AND p2　　　（4）= p2

6.（1）i = InStr(st," ")　　　（2）Mid(st,i+1)　　　（3）i = InStr(st,"The")

　（4）Left(st,i-1)+ Mid(st,i+4)　　　　　　（5）s = st

7.（1）标准　　（2）Public　　　　8. 30

习题七

一、选择题

1. 下列说法正确的是（　　）。

A）DBS 包括 DBMS 和 DB　　　　　B）DBMS 包括 DBS 和 DB

C）DB 包括 DBMS 和 DBS　　　　　D）三者彼此独立，互相无关

2. 下列不属于关系数据库基本概念的是（　　）。

A）记录　　　　B）关系　　　　C）字段　　　　D）DB

3. 下列哪个对象可以提高数据的存储效率？（　　）。

A）关系　　　　B）索引　　　　C）主键　　　　D）记录指针

4. Access 数据库文件的扩展名是（　　）。

A）.mdb　　　　B）.ldf　　　　C）.mdf　　　　D）.doc

5. 向表中添加记录的命令动词是（　　）。

A）Insert   B）Update   C）Delete   D）Select

6. 查询职工表中 1990 年以后（含 1990 年）出生的职工的基本信息，相应查询语句是（   ）。

Select * From 职工表 Where 出生日期>='1990-1-1'

Select * From 职工表 Where 出生日期>=1990-1-1

Select   From 职工表 Where 出生日期>='1990-1-1'

Select * From 职工表 Where 出生日期>'1990-1-1'

7. SQL 查询语句中（   ）用于对查询结果排序。

A）Group by   B）Where   C）Delete   D）Select

8. 可以包含来自于一个数据表或一个查询结果，并且能从其中添加、修改、删除记录，任何改变都将反映到数据表中的是（   ）记录集。

A）表类型   B）动态集类型   C）快照类型   D）以上都不是

9. Data 控件使用（   ）方法打开或重新打开数据库。

A）Refresh   B）UpdateControls   C）UpdateRecord   D）AddNew

10. 将文本框、标签、组合框等控件绑定到 Data 控件时，主要是通过设置控件的两个属性 DataSource 和（   ）。

A）DataBaseName   B）DataMember   C）DataField   D）RecordSource

11. CommandType 属性取值（   ）表示记录源是一个数据查询。

A）adCmdText   B）AdCmdTable   C）AdCmdStoredProc   D）AdCmdUnknown

12. ADO 控件记录集 Recordset 对象使用（   ）属性测试当前记录是否为首条记录之前。

A）EOF   B）BOF   C）State   D）Status

13. ADO 控件记录集的（   ）方法将添加或修改的记录结果保存到数据库中。

A）ADD   B）DELETE   C）UPDATE   D）MOVE

14. 以下向成绩表中添加一条记录的命令正确的是（   ）。

A）Insert into 成绩表 value('12710003','大学语文',76)

B）Insert into 成绩表 values('12710003','大学语文',76)

C）Update 成绩表 value('12710003','大学语文',76)

D）Delete from 成绩表 value('12710003','大学语文',76)

15. 数据报表的数据源是（   ）。

A）DataSource   B）DataEnvironment

C）Table   D）以上都不是

二、填空题

1. 一张数据表中，如果某个字段（或几个字段集合）能够唯一地确定一条记录，则称该字段（或字段集合）为_____。

2. 查找"职工表"中工龄大于 10 年的职工的"职工号""工龄""基本工资"，查询语句为_____。

3. 结构化查询语言（Structured Query Language，SQL）包含_____、_____、_____和_____功能。

4. _____属性用于设置 ADO 控件要访问的数据记录源。

5. 学生李娜从计算机系转入信息系，需要修改学生表中李娜的所在系信息，使用的修改命令为_____。

三、编程题

1. 利用 VisData 设计一个图书数据库，其中包含作者表和图书表两张表，请结合现实语义设计表中各字段的类型、长度。

作者表

作者编号	作者名	性别	籍贯
Z1	成功	男	江苏
Z2	雪儿	女	山东
Z3	李明	男	上海

图书表

图书编号	图书名	作者号	价格	出版社
T1	祖国的天空	Z1	30	高等教育出版社
T2	我的一家	Z2	45	人民邮电出版社
T3	苹果的故事	Z1	70	苏州大学出版社
T4	天使是什么	Z3	84	苏州大学出版社

对作者表按照"作者编号"字段降序建立索引 zzbh，对图书表按照"图书编号"字段建立索引 tsbh。

2. 向图书表和作者表中添加记录，记录内容如上述两表所示。

3. 使用查询分析器，完成如下查询：

（1）查询作者雪儿的籍贯。

（2）查询图书"我的一家"的作者名和出版社。

（3）查询价格在 30~50 之间的图书信息。

4. 仿照例 7-11，利用 Data 控件设计一个"图书表"处理程序，要求窗体界面上有数据查询、添加记录、修改记录、删除记录等功能。

习题七参考答案

一、选择题

1-15 ADBAA ABBAC ABCBB

二、填空题

1. 主键

2. Select 职工号,工龄,基本工资 From 职工表 Where 工龄>10

3. 数据定义、数据查询、数据操纵、数据控制

4. RecordSource

5. Update 学生表 Set 所在系='信息系' Where 姓名='李娜'

三、编程题

（略）

习题八

一、选择题

1. 坐标度量单位可通过（　　）来改变。
   A）DrawStyle 属性
   B）DrawWidth 属性
   C）Scale 方法
   D）ScaleMode 属性

2. 以下的属性和方法中，（　　）可重定义坐标系。
   A）DrawStyle 属性
   B）DrawWidth 属性
   C）Scale 方法
   D）ScaleMode 属性

3. 当使用 Line 方法画线后，当前坐标在（　　）。
   A）(0, 0)
   B）直线起点
   C）直线终点
   D）容器的中心

4. 执行指令"Circle (1000,1000),500,8,-6,-3"将绘制（　　）。
   A）画圆
   B）椭圆
   C）圆弧
   D）扇形

5. 执行指令"Line (1200,1200)-Step(1000,500),B"后，CurrentX=（　　）。
   A）2200
   B）1200
   C）1000
   D）1700

6. 对象的边框类型由属性（　　）来决定。
   A）DrawStyle
   B）DrawWidth
   C）BorderSyle
   D）ScaleMode

7. 当使用 Line 方法时，参数 B 与 F 可组合使用，下列组合中（　　）不允许。
   A）BF
   B）F
   C）不使用 B 与 F
   D）B

8. 当对 DrawWidth 进行设置后，将影响（　　）。
   A）Line、Circle、PSet 方法
   B）Line、Shape 控件
   C）Line、Circle、Point 方法
   D）Line、Circle、PSet 方法和 Line、Shape 控件

9. 命令按钮、单选按钮、复选框上都有 Picture 属性，可以在控件上显示图片，但需要通过（　　）来控制。
   A）Appearance 属性
   B）Style 属性
   C）DisablePicture 属性
   D）DrawPicture 属性

10. Cls 命令可清除窗体或图形框中（　　）的内容。
    A）Picture 属性设置的背景图案
    B）设计时放置的图片
    C）程序运行时产生的图形和文字
    D）以上全部

11. 下面关于多媒体控件的描述错误的是（　　）。
    A）MMControl 控件包含 9 个按钮，按钮数量不可以改变
    B）使用 MMControl 控件可以播放 AVI 文件
    C）StatusUpdate 事件的时间间隔单位为毫秒
    D）在一个窗体中可以添加多个 MMControl 控件

12. 语句 MMControl1.Command= "Open"的含义是（   ）。

    A）开始播放多媒体文件   B）弹出 CD-ROM 驱动器

    C）打开一个 MCI 设备   D）不合乎语法要求

13. 关于 Animation 控件的说法错误的是（   ）。

    A）Animation 控件只能播放不带声音的 AVI 文件

    B）Animation 控件的背景可以通过 BackStyle 属性设置为透明

    C）当 AutoPlay 属性为真时，Stop 方法无效

    D）Animation1.Play 10,1,20 表示从第 1 帧到第 20 帧连续播放 10 次

二、填空题

1. 改变容器对象的 ScaleMode 属性值，容器的大小_____改变，它在屏幕上的位置不会改变。

2. 容器的实际高度和宽度由_____和_____属性确定。

3. 设 Picture1.ScaleLeft= -200，Picture1.ScaleTop=250，Picture1.ScaleWidth=500，Picture1.ScaleHeight=-400，则 Picture1 右下角的坐标为_____。

4. 当 Scale 方法不带参数，则采用_____坐标系。

5. PictureBox 控件的 AutoSize 属性设置为 True 时，_____能自动调整大小。

6. 使用 Line 方法画矩形，必须在指令中使用关键字_____。

7. 使用 Circle 方法画扇形，起始角、终止角取值范围为_____。

8. DrawStyle 属性用于设置所画线的形状，此属性受到_____属性的限制。

9. Visual Basic 提供的图形方法有：_____清除所有图形和 Print 输出；_____画圆、椭圆或圆弧；_____画线、矩形或填充框；_____返回指定点的颜色值；_____设置各个像素的颜色。

10. 语句 MMControl1.PlayVisible=False 的作用是_____。

11. 实现让 MMControl1 在图片框控件（Picture1）上播放动画的语句为：_____。

12. 添写代码使得 Windows Media Player 以屏幕 1/6 大小显示图像 MediaPlayer1.DisplaySize=_____。

三、编程题

1. 在窗体上绘制阿基米德螺旋线，如图 10 所示，阿基米德螺旋线方程：

    x=θ*cos(θ)

    y=θ*sin(θ)

注意：θ 为度数，作为参数要变为弧度。

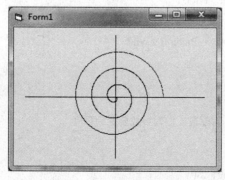

图 10　阿基米德螺旋线

2. 编写程序，从窗体左上角开始，沿主对角线画出 8 个红色矩形块，要求前后的矩形块连接，如图 11 所示。

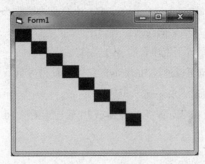

图 11　运行结果

3. 将图片框的图片进行反转显示，如图 12 所示，即将图片框 Picture1 中的图片，反转后画在图片框 Picture2 中。

图 12　运行结果

习题八参考答案

一、选择题

1-13　DCCDA　CBABC　ACD

二、填空题

1. 不会　　　2. ScaleHeight，ScaleWidth　　　3. (300,-150)　　4. 默认

5. 图形框　　　6. B　　　　7. 0~2π　　　　　8. DrawWidth

9. Cls，Circle，Line，Point，PSet

10. Play 按钮不可见

11. MMControl1.hWndDisplay = Picture1.hWnd

12. mpOneSixthScreen 或 5

三、编程题

1. Private Sub Form_click()

```
'x = θ * Cos(θ)      'θ 为度数，作为参数要变为弧度
'y = θ * Sin(θ)
Dim j As Integer
Const Degree = 3.14159 / 180
x0 = Me.ScaleWidth / 2
```

```
        y0 = Me.ScaleHeight / 2
        For j = 0 To 1080
            x = j * Cos(j * Degree)
            y = j * Sin(j * Degree)
            PSet (x + x0, y + y0)
        Next j
        Scale (-9, 9)-(9, -9)
        Line (-8, 0)-(8, 0)
        Line (0, 8)-(0, -8)
    End Sub
2.  Private Sub Form_Click()
        x = 0
        y = 0
        Me.ForeColor = vbRed
        For I = 1 To 8
            Line (x, y)-(x + 400, y + 300), , BF
            x = x + 400
            y = y + 300
        Next I
    End Sub
3.  Private Sub Command1_Click()
        Dim Color As Long
        Dim Red As Integer, Green As Integer, Blue As Integer, I As Integer, J As Integer
        M = Picture1.ScaleHeight
        N = Picture1.ScaleWidth
        For J = 0 To N
            For I = 0 To M
                Color = Picture1.Point(I, J)
                Red = Color And &HFF&
                Green = (Color And &HFF00&) / 256
                Blue = (Color And &HFF000) / 65536
                Red = 255 - Red
                Green = 255 - Green
                Blue = 255 - Blue
                Picture2.PSet (I, J), RGB(Red, Green, Blue)
            Next
        Next
    End Sub
```

习题九

一、选择题

1. 用户单击鼠标左键，触发下列哪项事件（   ）。

A）Click   B）DblClick   C）MouseMove   D）MouseDown

2. 在窗体 MouseUp 事件中有下列程序代码：

```
Select Case Button
Case 1
Print "ok!"
case 2
Print "Hello!"
case 3
Print"Welcome!"
End Select
```

运行此程序，当单击鼠标右键时，窗体显示（   ）。

A）Ok!   B）Hello!   C）Welcome!   D）全都显示

3．在鼠标和键盘事件中，同时按 Shift 和 Alt 键时，Shift 的值是（   ）。

A）2   B）4   C）5   D）6

4．下列哪一个键，KeyPress 事件无法检测出（   ）。

A）A   B）Enter   C）PageUp   D）BackSpace

5．下列说法正确的一项是（   ）。

A）KeyAscii 和 KeyCode 参数均不区分大键盘上和数字键盘上的相同数字键

B）KcyAscii 和 KeyCode 参数均区分大键盘上和数字键盘上的相同数字键

C）KeyAscii 区分大键盘上和数字键盘上的相同数字键，而 KeyCode 不区分

D）KeyCode 区分大键盘上和数字键盘上的相同数字键，而 KeyAscii 不区分

6．在程序代码中将命令按钮 Command1 的属性设置成手动拖放模式，代码是（   ）。

A）Command1.DragMode＝1   B）Command1.DragMode＝true

C）Command1.DragIcon＝0   D）Command1.DragMode＝0

7．在 DragDrop 事件的过程中，提供了几个参数（   ）。

A）2   B）3   C）4   D）5

8．Commnd1.Drag 2 的含义是（   ）。

A）取消命令按钮拖放但不发出 DragDrop 事件

B）结束命令按钮拖放同时发出 DragDrop 事件

C）允许拖放命令按钮

D）以上说法都不对

9．在文本框 Text1 的 KeyPress 事件中有如下代码：

```
Private Sub Text1 KeyPress(KeyAscii As Integer)
If KeyAscii＞＝48 AND KeyAscii＜＝57 then
KeyAscii＝0
MsgBox"请输入数字"
End if
End Sub
```

若在文本框内键入 ab12 时，当键入哪一个字符后，会出现消息框？（   ）。

A）输完字母 a   B）输完字母 b   C）输完数字 1   D）全部输完后

10．在 DragDrop 事件中，下列哪一项控件不能被拖动？（   ）。

A）Text   B）Label   C）Command   D）Shape

11．关于嵌入对象与链接对象的区别，下列叙述不正确的是（   ）。

A）插入到 OLE 控件的对象（数据）所存放的位置

B）嵌入到 OLE 控件中的数据不会丢失，但它占用较多的空间

C）链接到 OLE 控件中的数据占用较少的空间，但是数据源容易受外界的影响而丢失

D）以上说法都不对

二、填空题

1．移动鼠标，连续触发_____事件，按下鼠标，则触发_____事件。

2．单击鼠标左键，在相应事件中 Button 变量的取值是_____。

3．在 MouseDown 事件中，参数 X，Y 的含义是_____，当 Shift 变量值取 2 时，表明是按_____键产生的。

4．在鼠标事件中，参数 Button 的右三位描述_____状态，参数 Shift 的右三位描述_____状态。

5．KeyPress 事件中，能够识别的控制键是_____。

6．在 KeyDown 和 KeyUp 事件中，KeyAscii 参数的含义是_____。

7．允许改变控件位置的方法是_____，将控件移动到鼠标指定位置上的方法是_____，指定拖动控件显示的图标的属性是_____。

8．OLE 控件中 OLE（Object Linking and Embedding）的含义是_____。

三、编程题

1．编写程序，在窗体上画线，如图 13 所示。要求：按住 Ctrl 键在鼠标左键按下时 Y 坐标点和鼠标放开时 Y 坐标点之间画线（画线命令 Line(x1,y1)-(x2,y2)）。该程序在上述功能基础上还应用了 MouseMove 事件。注意该事件过程的格式。

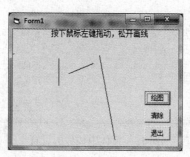

图 13 运行结果

2．编写如图 14 所示的能显示按键及其 ASCII 码的程序。其中，在 Text2 中显示按键的 ASCII 码，Text3 显示按键（提示：复选框"回显"的 Click 事件代码为 Text1.SetFocus）。

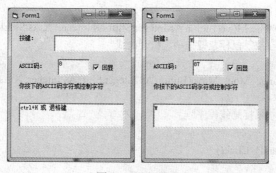

图 14 运行结果

3．在 VB 窗体上添加一个 OLE 控件，并在这个 OLE 控件中嵌入一个事先建立好的 Word 文档。

习题九参考答案

一、选择题

1-11 DBCCD DBBCD D

二、填空题

1．MouseMove，MouseDown

2．1

3．确定鼠标按下时鼠标所处的坐标位置，Ctrl

4．鼠标按钮，Shift、Ctrl、Alt 键

5．Enter，Backspace，Tab

6．所按键的 ASCII 码

7．DragDrop、Drag、DragIcon

8．对象链接与嵌入

三、编程题

1．如图 15 所示，在窗体上拖放 Lable1、Command1、Command2、Command3 控件，并设置相关属性。

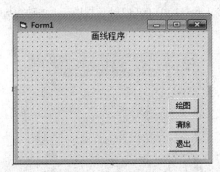

图 15　窗体中控件的设置

编写代码如下：

```
Dim x1 As Single, y1 As Single
Private Sub Command1_MouseMove(Button As Integer,Shift As Integer, X As Single, Y As Single)
    Label1.Caption = "按下 Ctrl 键用鼠标左键画线"
End Sub
Private Sub Form_MouseMove(Button As Integer,Shift As Integer, X As Single, Y As Single)
    Label1.Caption = "按下鼠标左键拖动，松开画线"
End Sub
Private Sub Command2_MouseMove(Button As Integer,Shift As Integer, X As Single, Y As Single)
    Cls
    Label1.Caption = "鼠标画线程序"
End Sub
Private Sub Command3_Click()
    End
End Sub
```

```
Private Sub Form_MouseDown(Button As Integer,Shift As Integer, X As Single, Y As Single)
x1 = X
y1 = Y
End Sub
Private Sub Form_MouseUp(Button As Integer,Shift As Integer, X As Single, Y As Single)
If Button = 1 And Shift = 2 Then Line (x1, y1)-(X, Y)
End Sub
```

2．窗体中拖放三个 Label 控件，三个 Text 控件，一个 Check 复选框控件，value 值设为 1，设置相关属性，如图 16 所示。

图 16　窗体中控件的设置

编写代码如下：

```
Private Sub Check1_Click()
Text1.SetFocus
End Sub
Private Sub Text1_KeyPress(KeyAscii As Integer)
Text2.Text = KeyAscii
Select Case KeyAscii
        Case 0 To 7, 9 To 12, 14 To 26, 28 To 31
        Text1.Text = ""
        Text3.Text = "ctrl+" & Chr(64 + KeyAscii)
        Case 8
        Text1.Text = ""
        Text3.Text = "ctrl+" & Chr(64 + KeyAscii) & " 或 退格键"
        Case 13
        Text1.Text = ""
        Text3.Text = "ctrl+" & Chr(64 + KeyAscii) & " 或 回车键"
        Case 27
        Text1.Text = ""
        Text3.Text = "ctrl+" & Chr(64 + KeyAscii) & " 或 Esc 键"
        Case Else
        Text1.Text = ""
        Text3.Text = Chr(KeyAscii)
        End Select
        If Check1.Value = 0 Then
        KeyAscii = 0
```

```
            End If      '取消选中"回显"，输入框不显示刚按下的键
        End Sub
```

3．参见教材例 9-7。

习题十

一、选择题

1．下列关于顺序文件的叙述中，错误的是（   ）。

A）对于顺序文件中的数据操作只能按顺序执行

B）顺序文件中的每条记录的长度必须相同

C）不能同时对打开的顺序文件进行读/写操作

D）顺序文件中的数据是以文本格式（ASCII 码）存储的

2．下列关于随机文件的叙述中，错误的是（   ）。

A）随机文件由记录组成，并按记录号引用各条记录

B）可以按顺序访问随机文件中的记录

C）可以同时对打开的随机文件进行行读/写操作

D）随机文件的内容可用 Windows 的"记事本"程序显示

3．如果在 C 盘根目录下已存在顺序文件 Myfile1.txt，那么执行语句

Open "C:\Myfile1.txt" For Append As #1

之后将（   ）。

A）删除文件中原有内容

B）保留文件中原有内容，可在文件尾添加新内容

C）保留文件中原有内容，可在文件头开始添加新内容

D）可在文件头开始读取数据

4．Visual Basic 中删除文件的命令是（   ）。

A）Delete   B）Remove   C）Kill   D）Erase

5．以下（   ）方式打开的文件只能读不能写。

A）Input   B）Output   C）Random   D）Append

6．下列（   ）命令可实现对随机文件的读操作。

A）Write   B）Get   C）Input   D）Put

7．在窗体上画一个名称为 Drive1 的驱动器列表框，一个名称为 Dir1 的目录列表框。在改变当前驱动器时，目录列表框应该与之同步改变。设置两个控件同步的命令放在一个事件过程中，这个事件过程是（   ）。

A）Drive1_Change   B）Drive1_Click   C）Dir1_Click   D）Dir1_Change

8．要将文件"E:\Cj2.txt"移动到文件夹"E:\Temp"下，文件名改为"Newcj.txt"，采用的 VB 语句是（   ）。

A）FileCopy "E:\Cj2.txt"，"E:\Temp\ Newcj.txt"

B）Name "E:\Cj2.txt" As "E:\Temp\ Newcj.txt"

C）Name "E:\Temp\ Newcj.txt" As

D）FileCopy "E:\Temp\ Newcj.txt","E:\Cj2.txt"

9. 在文件列表框中，用于设置和返回所选文件的路径和文件名的属性是（   ）。

A）File   B）FilePath   C）Path   D）FileName

10. 在 Visual Basic 中，按文件访问方式的不同可将文件分为（   ）。

A）文本文件和数据文件

B）数据文件和可执行文件

C）顺序文件、随机文件和二进制文件

D）数据文件和二进制文件

11. 当前文件夹下有一个顺序文件 Myfile2.txt，它是执行以下程序代码后生成的

```
Open "Myfile2.txt" For Output As #1
For K=1 To 5
    If K<4 Then Write #1,k
Next k
Close #1
```

当采用 Windows 的"记事本"打开该文件时，显示的结果是（   ）。

A）1	B）1	C）2	D）2
2	1	3	3
3	2	4	3

12. 打开第 11 题生成的顺序文件 Myfile2.txt，读取文件中的所有数据，并将数据直接显示在窗体上。完成下列程序段：

```
f="Myfile2.txt"
Open ____(1)____ For Input As #1
Do While ____(2)____
    Input #1，x
    Print x
Loop
Close #1
```

（1）A）"f.txt"   B）"f& ".txt"   C）f.txt   D）f& ".txt"

（2）A）True   B）False   C）EOF(1)   D）Not EOF(1)

二、填空题

1. 从已经打开的顺序文件中读取数据，可以使用语句：

_____   '读一个数据项到变量

_____   '读一行数据

_____   '读取指定数目的字符

2. EOF(#文件号)函数的返回值可以为_____，其用途是用于_____。

3. 随机文件使用_____语句读数据，使用_____语句写数据。

4. 在当前文件夹下建立一个顺序文件 Myfile3.txt，然后写入 5 名学生的学号及手机号。

```
Private Sub Form_Load( )
    As #1
    For k=1 To 5
    StNo = InputBox("学号：")
```

```
        StMb = InputBox("手机号：")
        _____

    Next k
        _____

    End Sub
```

三、编程题

1. 建立如图 17 所示的医生管理系统，要求系统能录入和查询医生数据。

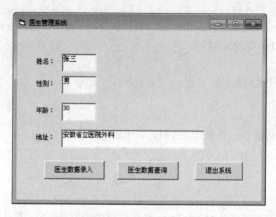

图 17   医生管理系统

2. 单击如图 18 所示的"显示"按钮要求显示当前目录下某类型文件列表。

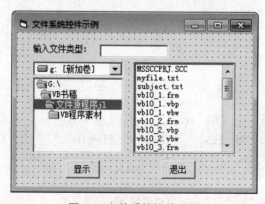

图 18   文件系统控件示例

习题十参考答案

一、选择题

1-11   BDBCA   BABDC   A   12   DD

二、填空题

1. Input #文件号，变量名表

    Line Input #文件号，字符型变量

Input(字符数,#文件号)

2. True 或 False，测试与文件号相关的文件是否已到达文件的结束位置

3. Get，Put

4. Open "Myfile3.txt" For Output

　　Write #1,StNo,StMb

　　Close #1

三、编程题

1.【操作步骤】

（1）设计用户界面，界面中包含两个窗体，添加窗体的方法是：在"工程资源管理器"窗口中单击鼠标右键，从弹出的快捷菜单中选择"添加→添加窗体"命令即可。设计的两个窗体一个是医生管理系统主窗体，另一个是查询窗体，分别如图 19 和图 20 所示。

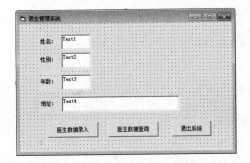 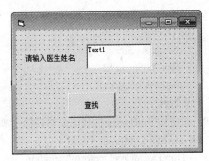

图 19　医生管理系统主窗体　　　　　　图 20　查询窗体

（2）设置医生管理系统主窗体的属性，如下表所示。

医生管理系统主窗体控件及属性

控件名称	属性名称	属性值	控件名称	属性名称	属性值
FrmDoctor	Caption	医生管理系统	Text2	Text	空
Label1	Caption	姓名：	Text3	Text	空
Label2	Caption	性别：	Text4	Text	空
Label3	Caption	年龄：	CmdInput	Caption	医生数据录入
Label4	Caption	地址：	CmdSearch	Caption	医生数据查询
Text1	Text	空	CmdExit	Caption	退出系统

（3）设置查询窗体的属性，如下表所示。

查询窗体控件及属性

控件名称	属性名称	属性值
FrmSearch	Caption	空
Label	Caption	请输入医生姓名
TxtSearchName	Text	空
CmdSearch	Caption	查找

（4）添加模块，将模块的名称属性定义为 modDoctor。

（5）保存工程，将医生管理系统主窗体和查询窗体分别保存为文件 RandomFile.frm 和 RandomFile-Search.frm，将模块保存为文件 RandomFile.bas，将工程保存为文件 RandomFile.vbp。保存后的工程资源管理器如图 21 所示。

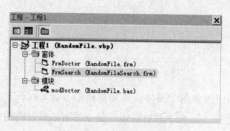

图 21　工程资源管理器

（6）在模块 modDoctor 的代码编辑窗口中添加以下程序代码：

```
Type DoctorInformation
    Name As String *10
    Sex As String *2
    Age As Integer
End Type
```

（7）在窗体 frmDoctor 的代码编辑窗口中添加以下程序代码：

```
Private Sub CmdInput_Click( )
    Dim Doctor As DoctorInformation
    Dim RecordLength As Long
    Dim Position As Long
    RecordLength = Len(Doctor)
    Open "D:\Doctor.dat" For Random As #1 Len = RecordLength
    Position = LOF （1）\RecordLength
    Position = Position +1
    Doctors.Name = Text1.Text
    Doctors.Sex = Text2.Text
    Doctors.Age = Text3.Text
    Doctors.Address = Text4.Text
    Put #1,Position, Doctors
    Close #1
End Sub
Private Sub CmdSearch_Click( )
    FrmSearch.Show
End Sub
Private Sub CmdExit_Click( )
    End
End Sub
```

（8）在窗体 frmSearch 的代码编辑窗口中添加以下程序代码：

```
Private Sub CmdSearch_Click( )
    Dim i As Integer
    Dim bFinded As Boolean
    Dim Doctor As DoctorInformation
```

```
    Dim RecordLength As Long
    Dim Position As Long
    bFinded = False
    RecordLength = Len(Doctor)
    Open "D:\Doctor.dat" For Random As #2 Len = RecordLength
    For i = 1 To Position
        Get #2,I, Doctors
        If Trim(txtSearchName) = Trim(Doctors.Name) Then
            frmDoctor.Text1 = Doctors.Name
            frmDoctor.Text2 = Doctors.Sex
            frmDoctor.Text3 = Doctors.Age
            frmDoctor.Text4 = Doctors.Address
            bFinded = True
            Close #2
            Unload frmSearch
            Exit Sub
        End If
    Next i
        Close #2
        If bFinded = False Then
            MsgBox("找不到此医生！")
            Unload frmSearch
        End If
    End Sub
```

（9）在弹出窗口的文本框中输入医生姓名、性别、年龄和地址，即可出现如图 22 所示的运行结果，单击"医生数据录入"按钮，则该医生数据写入文件 Doctor.dat 中。

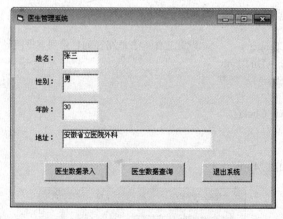

图 22　医生管理系统运行界面

（10）如果要查询医生数据，则单击"医生数据查询"按钮。

2.【操作步骤】

（1）启动 Visual Basic，定义"新建工程"为"标准 EXE"工程类型，系统自动生成启动窗体 Form1。

（2）设计用户界面，如图 23 所示。

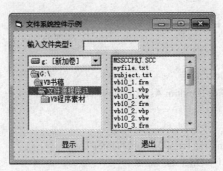

图 23　用户界面

（3）窗体及各控件属性如下所示。

窗体及各控件属性

控件名称	属性名称	属性值
Form1	Caption	文件系统控件示例
Label1	Caption	输入文件类型：
Txt1	Text	空
CmdList	Caption	显示
CmdExit	Caption	退出

（4）程序代码如下：

```
Private Sub CmdList_Click( )        '单击按钮显示当前目录下某类型文件列表
        File1.FileName = Text1.Text
End Sub
Private Sub Drive1_Change( )        '设置目录列表框与驱动器列表框同步
        Dir1.Path = Drive1.Drive
End Sub
Private Sub Dir1_Change( )          '设置文件列表框路径为目录列表框路径
        File1.Path = Dir1.Path
        File1.FileName = "*.*"
End Sub
Private Sub CmdExit_Click()
    Unload Me
End Sub
```

（5）程序运行结果如图 24 所示。

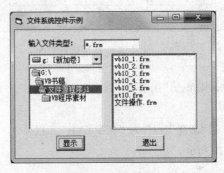

图 24　运行结果

习题十一

1．VBA 和 VB 的关系是什么？

2．在 Excel 2010 中，编写宏，实现多项成绩的求和。

3．尝试在 Word 2010 和 PowerPoint 2010 中录制宏并参考编写宏。

习题十一参考答案

（略）

第三部分 模拟考试（样题）

全国高等学校（安徽考区）计算机水平考试
（Visual Basic）样题

笔试样题

一、程序填空题（每题 12 分，共 36 分。将答案填写在相应的下划线处）

1. 窗体上有一个命令按钮 Command1 和一个文本框 Text1，程序运行后，Command1 为禁用（灰色）。当向文本框中输入任意字符时，命令按钮 Command1 变为可用。

```
Private Sub Form1_Load()
    Command1.Enabled=_____
End Sub
Private Sub Text1_____()
    _____
End Sub
```

2. 以下程序的功能是：从键盘上输入若干个学生的分数，当输入负数时结束输入，然后输出其中的最高分和最低分。

```
Private Sub Form1_Click()
    Dim x As Single,amax As Single,amin As Single
    x=InputBox("Enter a score")
    amax=x
    amin=x
    Do While _____
        If x>amax Then
            amax=x
        End If
        If _____ Then
            amin=x
        End If
    Loop
    Print "Max=";amax, "Min=";amin
End Sub
```

3. 以下程序可以实现一个简易的计算器，运行界面如图下所示。在文本框 Text1 和文本框 Text2 中分别输入数值，选中一个单选按钮后，单击命令按钮 Command1，计算结果显示在标签 Label4 中。其中 4 个单选按钮通过控件数组建立，名称为 Option1，标题分别为 "+" "-" "*" 和 "/"。

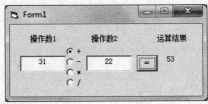

```
Private Sub Command1_Click()
    Dim opt As String,result As Single
    For i=0 To 3
        If _____ =True Then
            opt=Option1(i).Caption
        End If
    Next i
    Select Case _____
        Case "+"
            result=Val(Text1.Text)+ Val(Text2.Text)
        Case "-"
            result=Val(Text1.Text)- Val(Text2.Text)
        Case "*"
            result=Val(Text1.Text)* Val(Text2.Text)
        Case "/"
            result=Val(Text1.Text)/ Val(Text2.Text)
    End Select
        _____ =result
End Sub
```

二、阅读程序题（每题 8 分，共 32 分，将答案填写在相应的下划线处）

1. 执行以下程序后，输出的结果是_____。
```
Private Sub Form_Click()
    Dim m As Integer,k As Integer
    m=5:k=7
    Select Case m
        Case Is<0
            m=m+ 5
        Case 1 To 10
            m=m- k
        Case Else
            m=k Mod 3
    End Select
    Print m,k
End Sub
```

2. 执行以下程序后，输出的结果是_____。
```
Private Sub Form_Click()
    Dim x As Integer,n As Integer
    x=0:n=0
    Do While x<50
        x=(x+2)*(x+3)
```

```
         n=n+1
      Loop
      Print "x=";x, "n=";n
    End Sub
```

3. 执行下面程序后，输出的结果是_____。

```
    Function fun(a As Integer)
      b=0
      Static c
      b=b+1
      c=c+1
      fun=a+b+c
    End Function
    Private Sub Command1_Click()
      Dim am As Integer
      a=2
      For i=1 To 3
        Sum=Sum+fun(a)
      Next i
      Print Sum
    End Sub
```

4. 执行以下程序后，输出的结果是_____。

```
    Private Sub Form_Click()
      Dim i As Integer,j As Integer
      For i=1 to 3
        For j=1 to i
          If j Mod 2=0 Then
            Print "*";
          Else
            Print "@";
          End If
        Next j
        Print
      Next i
    End Sub
```

三、程序设计题（每题 16 分，共 32 分）

1. 已知一元二次方程 $ax^2+bx+c=0(a\neq0)$ 的两个实根是：$x_{1,2}=\dfrac{-b\pm\sqrt{b^2-4ac}}{2a}$，请编写窗体 Form1 的 Click 事件过程，用 InputBox 函数接收 a、b、c 的值，分 $b^2-4ac>0$、$b^2-4ac=0$、$b^2-4ac<0$ 三种情况输出方程的根。

2. 请编写命令按钮 Command1 的 Click 事件过程，随机产生 10 个[0,100]之间的整数，并按升序把它们存入数组中，可采用任意排序算法。

机试样题

一、单项选择题（每题 1 分，共 40 分）

1. 计算机里使用的集成显卡是指（　　）。

   A）显卡与网卡制造成一体　　　　　　B）显卡与主板制造成一体

   C）显卡与 CPU 制造成一体　　　　　　D）显卡与声卡制造成一体

2. 在 Windows 中，将当前窗口作为图片复制到剪贴板时，应使用（　　）键。

   A）Alt+Print Screen　　　　　　　　B）Alt+Tab

   C）Print Screen　　　　　　　　　　D）Alt+Esc

3. 电子商务中，保护用户身份不被冒名顶替的技术是（　　）。

   A）安装防火墙　　　B）数字签名　　　C）数据备份　　　D）入侵检测

4. 使用（　　）命令，可以查看计算机的 IP 地址。

   A）ping　　　　　　B）regedit　　　　C）net send　　　D）ipconfig

5. 下列关于物联网的描述中，错误的是（　　）。

   A）物联网不是互联网的概念、技术与应用的简单扩展

   B）物联网与互联网在基础设施上没有重合

   C）物联网的主要特征有全面感知、可靠传输、智能处理

   D）物联网的计算模式可以提高人类的生产力、效率、效益

6. Visual Basic 中标准模块文件的扩展名是（　　）。

   A）frm　　　　　　B）vbp　　　　　　C）cls　　　　　　D）bas

7. Visual Basic 中标准化控件位于 IDE（集成开发环境）中的（　　）窗口内。

   A）工具栏　　　　B）工具箱　　　　C）对象浏览器　　D）窗体设计器

8. 下列关于事件的说法中，正确的是（　　）。

   A）用户可以根据需要建立新的事件

   B）事件的名称是可以改变的，由用户预先定义

   C）不同类型的对象所能识别的事件一定不相同

   D）事件是由系统预先定义好的能够被对象识别的动作

9. 下列符号中，可以用作 Visual Basic 变量名的是（　　）。

   A）x.y.z　　　　　B）3xyz　　　　　C）x_yz　　　　　D）Integer

10. 下列属于非法调用的函数是（　　）。

   A）Sqr(-5)　　　　B）Sgn(-5)　　　　C）Exp(-5)　　　D）Int(-5)

11. 已知 f="12345678"，表达式 Val(Left(f,3))+Val(Mid(f,4,2)) 的值是（　　）。

   A）168　　　　　　B）12345　　　　　C）123　　　　　D）45

12. 执行语句：MsgBox "APEC 峰会",1,"2014"，所产生的消息对话框的标题是（　　）。

   A）APEC 峰会　　　B）2014　　　　　C）0　　　　　　D）1

13. 数学关系 5≤y<10 表示成正确的 Visual Basic 表达式是（　　）。

   A）5<=y<10　　　B）5≤y And y<10　　C）5<=y And y<10　　D）5<=y Or y<10

14. 表达式 5+6*5 Mod 35\8 的值是（　　）。

A）5　　　　　　　　B）6　　　　　　　　C）7　　　　　　　　D）8

15. 表达式 Len("中文版 VB6.0")的值是（　　）。

A）6　　　　　　　　B）8　　　　　　　　C）10　　　　　　　　D）11

16. 下列正确的赋值语句是（　　）。

A）3x=y+z　　　　　B）x+y=z　　　　　C）2=x+y　　　　　D）z=x+y

17. 若要定义两个整型变量和一个字符型变量，下列正确的语句是（　　）。

A）Dim x,y As Integer,n As String

B）Dim x%,y As Integer,n As String

C）Dim x%,y$,n As String

D）Dim x As Integer,y,n As String

18. 若 a=1，b=2，则语句 Print a=1 And b>2 的输出结果是（　　）。

A）True　　　　　　B）False　　　　　　C）-1　　　　　　　D）结果不确定

19. 用以下语句定义的数组 a 包含的元素个数是（　　）。

　　Option Base 1

　　Dim a(4,-1 To 1,5)

A）10　　　　　　　　B）20　　　　　　　　C）60　　　　　　　　D）90

20. 针对语句 If x=1 Then y=1，下列说法正确的是（　　）。

A）x=1 和 y=1 均为赋值语句

B）x=1 和 y=1 均为关系表达式

C）x=1 为赋值语句，y=1 为关系表达式

D）x=1 为关系表达式，y=1 为赋值语句

21. 结构化程序设计所规定的三种基本结构是（　　）。

A）输入、处理、输出　　　　　　　　　　B）树形、网形、环形

C）顺序、选择、循环　　　　　　　　　　D）主程序、子程序、函数

22. 下列关于模块级变量的说法，正确的是（　　）。

A）模块级变量可在过程中声明

B）模块级变量可被声明的模块中的任何过程访问

C）模块级变量能被任何模块的任何过程访问

D）模块级变量只能用 Private 关键字声明

23. 窗体 Form1 执行了 Form1.Left=Form1.Left+200 语句后，该窗体将（　　）。

A）上移　　　　　　B）下移　　　　　　C）左移　　　　　　D）右移

24. 水平滚动条 HScroll1 的 LargeChange 属性值为 10，表示（　　）为 10。

A）该滚动条的最小值

B）该滚动条的最大值

C）单击滚动条两端箭头时滚动条值的变化量

D）单击滚动条两端箭头和滑块之间空白处时滚动条值的变化量

25. 若要使标签控件的大小自动与所显示的文本相适应，可通过设置（　　）属性的值为 True 来实现。

A）AutoSize　　　　B）Alignment　　　　C）Font　　　　　　D）Visible

26. 若要使文本框成为只读文本框，可通过设置（　　）属性的值为 True 来实现。

A）Enabled　　　　　B）ReadOnly　　　　C）Locked　　　　　D）Visible

27．复选框的 Value 属性值为 1 时，表示（　　）。

A）复选框未被选中　　　　　　　　　B）复选框被选中

C）复选框内有灰色的勾　　　　　　　D）复选框操作错误

28．将命令按钮 C1 的标题赋值给文本框 Text1，正确的语句是（　　）。

A）Text1.Text=C1　　　　　　　　　B）Text1.Caption=C1

C）Text1.Text=C1.Caption　　　　　　D）Text1.Caption =C1.Caption

29．以下控件中，没有 Caption 属性的是（　　）。

A）单选按钮　　　　B）框架　　　　　C）复选框　　　　　D）列表框

30．将数据项"安徽"添加到列表框 List1 中作为第一项，应使用的语句是（　　）。

A）List1.AddItem 0,"安徽"　　　　　　B）List1.AddItem "安徽",0

C）List1.AddItem 1,"安徽"　　　　　　D）List1.AddItem "安徽",1

31．如果每秒触发 10 次 Timer 事件，那么计时器控件的 Interval 属性应设为（　　）。

A）1　　　　　　　B）10　　　　　　　C）100　　　　　　D）1000

32．为了在运行时把 E:\img 文件夹下的图形文件 a.jpg 装入图片框 Picture1 中，应使用语句（　　）。

A）Picture1.Image=LoadPicture("E:\img\a.jpg")

B）Picture1.Picture=LoadPicture("E:\img\a.jpg")

C）Picture1.Picture=Load("E:\img\a.jpg")

D）Picture1.Picture=LoadPicture(E:\img\a.jpg)

33．为了使目录列表框 Dir1 的显示内容与驱动器列表框 Drive1 的选择一致，应当（　　）。

A）在 Dir1_Change 事件中加入代码 Dir1.Path=Drive.Drive

B）在 Dir1_Change 事件中加入代码 Drive.Drive =Dir1.Path

C）在 Drive1_Change 事件中加入代码 Dir1.Path=Drive.Drive

D）在 Drive1_Change 事件中加入代码 Drive.Drive =Dir1.Path

34．在 Visual Basic 中，可以作为容器的对象是（　　）。

A）窗体、文本框、图片框　　　　　　B）窗体、文本框、框架

C）标签、文本框、图片框　　　　　　D）窗体、文本框、标签

35．使图像框控件（Image）中的图像自动适应控件的大小，需要（　　）。

A）将控件的 AutoSize 属性设为 True

B）将控件的 AutoSize 属性设为 False

C）将控件的 Stretch 属性设为 True

D）将控件的 Stretch 属性设为 False

36．将通用对话框类型设置为"打开文件"，应使用的方法是（　　）。

A）ShowOpen　　　　B）ShowColor　　　C）ShowFont　　　　D）ShowSave

37．设菜单项名称为 MenuCut，为了在运行时使菜单项失效（变灰），应使用的语句是（　　）。

A）MenuCut.Enabled=False　　　　　B）MenuCut.Enabled=True

C）MenuCut.Visible=False　　　　　　D）MenuCut.Visible=True

38．菜单控件只有一个（　　）事件。

A）KeyPress　　　　B）DblClick　　　　C）MouseUp　　　　D）Click

39．执行语句 Open "Example.dat" For Input As #1 后，对文件"Example.dat"能够进行的操作是（　　）。

A）只能读不能写　　　　　　　　B）只能写不能读

C）既可以写，也可以读　　　　　　D）既不能读，也不能写

40．Data 控件的（　　）属性用来设置和返回数据源的名称和位置。

A）Connect　　　　　B）DatabaseName　　　　C）RecordSource　　　　D）RecordsetType

二、程序改错题（每题 9 分，共 18 分）

注意事项：以下每个程序有 3 处错误，错误均在"'*ERROR*"注释行，请直接在该行修改。不得增加或减少程序行数。

1．以下程序的功能是输入三角形的三条边，计算三角形的面积。要求程序首先判断输入的三条边能否构成三角形。

```
Option Explicit
Private Sub Form_Click()
    Dim a As Single,b As Single,c As Single
    Dim s As Single,t As Single
    a=InputBox("输入 1 边长:")
    b=InputBox("输入 2 边长:")
    c=InputBox("输入 3 边长:")
    If a+b<c And b+c<a And c+a<b Then      '*ERROR*
        MsgBox("输入错误，不能构成三角形")
    Else
        t=(a+b+c)/2
        s=Sqrt(t(t-a)(t-b)(t-c))           '*ERROR*
        Print "该三角形的面积:":s           '*ERROR*
    End If
End Sub
```

2．以下程序的功能是将 10 个整数从大到小排序。

```
Option Explicit
Private Sub Form_Click()
    Dim t%, m%, w%
    Dim a(10) As Single
    For m=1 To 10
        a(m)=Int(10+Rnd()*90)
        Print a(m);" ";
    Next m
    Print
    For m=1 To 9
        t=m
        For n=2 To 10                      '*ERROR*
            If a(t)>a(n) Then n=t           '*ERROR*
        Next n
        If t=m Then                        '*ERROR*
            w=a(m)
            a(m)=a(t)
            a(t)=w
        End If
```

```
        Next m
        For m=1 To 10
            Print a(m)
        Next m
    End Sub
```

三、Windows 操作题（每小题 2 分，共 10 分）

注意事项：请勿删除考生文件夹中与试题相关的文件或文件夹，否则将影响考生成绩。

已知考生文件夹中有如下文件夹与文件：

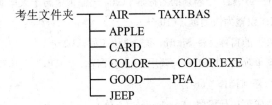

1. 在考生文件夹创建文件 ADE.TXT，在该文件中输入内容"全国高校计算机水平考试"，并设置该文件属性为"隐藏"（文件其他属性不要改变）；

2. 将考生文件夹中 AIR 文件夹内的 TAXI.BAS 文件复制到 JEEP 文件夹中；

3. 将考生文件夹中 COLOR 文件夹内的 COLOR.EXE 文件删除；

4. 在考生文件夹下 CARD 文件夹中创建文件夹 TER；

5. 将考生文件夹中 GOOD 文件夹内的 PEA 文件夹移动到考生文件夹下 APPLE 文件夹内。

四、综合应用题（第 1 题 12 分，第 2 题 20 分，共 32 分）

1. 在考生文件夹中，完成以下操作：

（1）启动工程文件 Sjt.vbp，将该工程文件的工程名改为"Spks"，并将该工程中的窗体文件 Sjt.frm 的窗体名称改为"Vbbc"。（2 分）

（2）请在窗体适当位置添加控件：一个文本框 Text1，文本内容为"计算机水平考试"，居中显示；一个标签 Label1，标题为"字体"且自动调整大小；一个组合框 Combo1；一个框架 Frame1，标题为"颜色"；在框架 Frame1 中添加两个单选按钮（均为默认名称），标题分别为"红色""蓝色"（以上操作在"属性"窗口中完成）。（4 分）

（3）在窗体 Load 事件中编写代码，为组合框添加三个选项："隶书""黑体""宋体"，且默认选项为"隶书"；程序运行时，选中组合框某项，相应改变文本框中的字体；选中"颜色"框架中的某个单选按钮，相应改变文本框中字的颜色。

程序运行后窗体界面如下图所示：（4 分）

（4）请调试、运行程序，然后将工程、窗体保存。（2 分）

2．在考生文件夹中建立一个名称为"Vbcd"的工程文件 Menu1.vbp，并在工程中建立一个名称为"Menu1"的菜单窗体文件 Menu1.frm，要求：

（1）菜单格式与内容如下：

设置（S）	窗口（W）
字体	√平铺
颜色	层叠

退出（Ctrl+X）	

其中，括号内的字符为热键；分隔条的名称为 FGT，其他菜单与子菜单的名称与标题相同，但不含热键；√：为复选标记；Ctrl+X：设置为快捷键。（10 分）

（2）将考生文件夹下的窗体文件 Sjt.frm 添加进该工程。（2 分）

（3）除"字体"菜单项的 Click()事件调用 Sjt.frm 窗体，"退出"菜单项的 Click()事件执行 End 语句，其他菜单和子菜单不执行任何操作。（6 分）

（4）调试运行并生成可执行程序 Menu1.exe。（2 分）

笔试答案

一、程序填空题（每题 12 分，共 36 分。将答案填写在相应的下划线处）

1．False　　　　Click　　　　Command1.Enabled=True

2．x>=0　　　　x<amin

3．Option1(i)　　　opt　　　　Label4.Caption

二、阅读程序题（每题 8 分，共 32 分，将答案填写在相应的下划线处）

1．-2　　　7

2．x=72　　　n=2

3．15

4．@

@*

@*@

三、程序设计题（每题 16 分，共 32 分）

1.
```
Private Sub Form_Click()
    Dim x1 As Single, x2 As Single
    a = InputBox("a=")
    b = InputBox("b=")
    c = InputBox("c=")
    If b * b - 4 * a * c >= 0 Then
        x1 = (-b + Sqr(b * b - 4 * a * c)) / (2 * a)
        x2 = (-b - Sqr(b * b - 4 * a * c)) / (2 * a)
        Print "x1="; x1, "x2="; x2
    Else
        Print "方程无实根！"
    End If
```

```
        End Sub
2.  Private Sub Command1_Click()
        Dim a(1 To 10) As Integer
        For i = 1 To 10 '
          Do
              x = Int(Rnd * 100 + 0.5)
              yn = 0
              For j = 1 To i - 1
                  If x = a(j) Then yn = 1: Exit For
              Next j
          Loop While yn = 1
          a(i) = x
        Next i
        Print "排序前 10 个数的次序："
        For i = 1 To 10
          Print a(i); " ";
        Next i
        '以下是选择法排序的双重循环
        For i = 1 To 9
          For j = i + 1 To 10
            If a(i) > a(j) Then
                t = a(i): a(i) = a(j): a(j) = t
            End If
          Next j
        Next i
        '排序结束，输出排序结果
        Print
        Print "排序后 10 个数的次序："
        For i = 1 To 10
          Print a(i); " ";
        Next i
    End Sub
```

机试答案

一、单项选择题（每题 1 分，共 40 分）

1-20　BABAB　DBDCA　ABCCB　DBBCD

21-40　CBDCA　CBCDB　CBCBC　AADAB

二、程序改错题（每题 9 分，共 18 分）

```
1.  If a+b<c Or b+c<a Or c+a<b Then      '*ERROR*
      s=Sqr(t(t-a)(t-b)(t-c))            '*ERROR*
      Print "该三角形的面积:";s          '*ERROR*
2.  For n = m + 1 To 10                   '*ERROR*
      If a(t) < a(n) Then t = n           '*ERROR*
```

　　　　If t < n Then　　　　　　　　　　'*ERROR*

三、Windows 操作题（每小题 2 分，共 10 分）

（略）

四、综合应用题（第 1 题 12 分，第 2 题 20 分，共 32 分）

（略）

全国计算机等级考试二级（Visual Basic 语言程序设计）模拟试卷

一、选择题

1. 下列叙述中正确的是（　　）。
   A）算法就是程序
   B）设计算法时只需要考虑数据结构的设计
   C）设计算法时只需要考虑结果的可靠性
   D）以上三种说法都不对

2. 下列关于线性链表的叙述中，正确的是（　　）。
   A）各数据结点存储空间可以不连续，但它们的存储顺序与逻辑顺序必须一致
   B）各数据结点的存储顺序可以不一致，但它们的存储空间必须连续
   C）进行插入与删除时，不需要移动表中的元素
   D）以上三种说法都不对

3. 下列关于二叉树的叙述中，正确的是（　　）。
   A）叶子结点总是比度为 2 的结点少一个
   B）叶子结点总是比度为 2 的结点多一个
   C）叶子结点数是度为 2 的结点数的两倍
   D）度为 2 的结点数是度为 1 的结点数的两倍

4. 软件按功能可以分为应用软件、系统软件和支撑软件（或工具软件）。下面属于应用软件的是（　　）。
   A）学生成绩管理系统　　　　　　　　　B）C 语言编译程序
   C）UNIX 操作系统　　　　　　　　　　D）数据库管理系统

5. 某系统总体结构图如下图所示

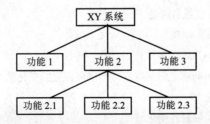

该系统总体结构图的深度是（　　）。
   A）7　　　　　　　　B）6　　　　　　　　C）3　　　　　　　　D）2

6. 程序调试的任务是（　　）。
   A）设计测试用例　　　　　　　　　　　B）验证程序的正确性
   C）发现程序中的错误　　　　　　　　　D）诊断和改正程序的错误

7. 下列关于数据库设计的叙述中，正确的是（　　）。

　　A）在需求分析阶段建立数据字典　　　　B）在概念设计阶段建立数据字典

　　C）在逻辑设计阶段建立数据字典　　　　D）在物理设计阶段建立数据字典

8. 数据库系统的三级模式不包括

　　A）概念模式　　　　　B）内模式　　　　　C）外模式　　　　　　D）数据模式

9. 有三个关系 R、S 和 T 如下：

R		
A	B	C
a	1	2
b	2	1
c	3	1

S		
A	B	C
a	1	2
b	2	1

T		
A	B	C
c	3	1

则由关系 R 和 S 得到关系 T 的操作是（　　）。

　　A）自然连接　　　　　B）差　　　　　　C）交　　　　　　　D）并

10. 下列选项中属于面向对象设计方法主要特征的是（　　）。

　　A）继承　　　　　　B）自顶向下　　　　C）模块化　　　　　D）逐步求精

11. 以下描述中错误的是（　　）。

　　A）窗体的标题通过其 Caption 属性设置

　　B）窗体的名称（Name 属性）可以在运行期间修改

　　C）窗体的背景图形通过其 Picture 属性设置

　　D）窗体最小化时的图标通过其 Icon 属性设置

12. 在设计阶段，当按 Ctrl+R 键时，所打开的窗口是（　　）。

　　A）代码窗口　　　　B）工具箱窗口　　　C）工程资源管理器窗口　D）属性窗口

13. 设有如下变量声明语句：

Dim a,b as Boolean

则下列叙述中正确的是（　　）。

　　A）a 和 b 都是布尔型变量　　　　　　　B）a 是变体型变量，b 是布尔型变量

　　C）a 是整型变量，b 是布尔型变量　　　D）a 和 b 都是变体型变量

14. 下列可作为 Visual Basic 变量名的是（　　）。

　　A）A#A　　　　　　B）4ABC　　　　　C）?xy　　　　　　　D）Print_Text

15. 假定一个滚动条的 LargeChange 属性值为 100，则 100 表示（　　）。

　　A）单击滚动条箭头和滚动框之间某位置时滚动框位置的变化量

　　B）滚动框位置的最大值

　　C）拖动滚动框时滚动框位置的变化量

　　D）单击滚动条箭头时滚动框位置的变化量

16. 在窗体上画一个命令按钮，然后编写如下事件过程：

```
Private Sub Command1_Click()
    MsgBox Str(123+321)
End Sub
```

程序运行后，单击命令按钮，则在信息框中显示的提示信息为（　　）。

A）字符串"123+321"　　　　　　　　B）字符串"444"

C）数值"444"　　　　　　　　　　　D）空白

17．假定有以下程序

```
Private Sub Form_Click( )
    a=1:b=a
    Do Until a>=5
        x=a*b
        Print b;x
        a=a+b
        b=b+a
    Loop
End Sub
```

程序运行后，单击窗体，输出结果是（　　）。

A）1　　1　　　　B）1　　1　　　　C）1　　1　　　　D）1　　1

　　2　　3　　　　　　2　　4　　　　　　3　　8　　　　　　3　　6

18．在窗体上画一个名称为 List1 的列表框，列表框中显示若干城市的名称。当单击列表框中的某个城市名时，该城市名消失。下列在 List1_Click 事件过程中能正确实现上述功能的语句是（　　）。

A）List1.RemoveItem List1.Text　　　　B）List1.RemoveItem List1.Clear

C）List1.RemoveItem List1.ListCount　　D）List1.RemoveItem List1.ListIndex

19．列表框中的项目保存在一个数组中，这个数组的名字是（　　）。

A）Column　　　　B）Style　　　　C）List　　　　D）MultiSelect

20．有人编写了如下程序：

```
Private Sub Form_Click( )
    Dim s As Integer,x As Integer
    s=0
    x=0
    Do While s=10000
        x=x+1
        s=s+x^2
    Loop
    Print s
End Sub
```

上述程序的功能是：计算 $s=1+22+32\cdots+n2+\cdots$，直到 s>10000 为止。程序运行后，发现得不到正确的结果，必须进行修改。下列修改中正确的是（　　）。

A）把 x=0 改为 x=1

B）把 Do While s=10000 改为 Do While s<=10000

C）把 Do While s=10000 改为 Do While s>10000

D）交换 x=x+1 和 s=s+x^2 的位置

21．设有如下程序：

```
Private Sub Form_Click( )
    Dim s As Long,f As Long
    Dim n As Integer,i As Integer
    f=1
    n=4
```

```
        For i=1 To n
            f=f*i
            s=s+f
        Next i
        Print s
    End Sub
```

程序运行后，单击窗体，输出结果是（   ）。

    A）32   B）33   C）34   D）35

22．阅读下面的程序段：

```
    a=0
    For i=1 To 3
        For j=1 To i
            For k=j To 3
                a=a+1
            Next k
        Next j
    Next i
```

执行上面的程序段后，a 的值为（   ）。

    A）3   B）9   C）14   D）21

23．设有如下程序：

```
    Private Sub Form_Click()
        Cls
        a$="123456"
        For i=1 To 6
            Print Tab(12-i);_____
        Next i
    End Sub
```

程序运行后，单击窗体，要求结果如下图所示，则在下划线处应填入的内容为（   ）。

```
            1
           12
          123
         1234
        12345
       123456
```

    A）Left(a$,i)   B）Mid(a$,8-I,i)   C）Right(a$,i)   D）Mid(a$,7,i)

24．设有如下程序：

```
    Private Sub Form_Click()
        Dim i As Integer,x As String,y As String
        x="ABCDEFG"
        For i=4 To 1 Steo -1
            y=Mid(x,i,i)+y
        Next i
        Print y
    End Sub
```

程序运行后，单击窗体，输出结果为（   ）。

    A）ABCCDEDEFG   B）AABBCDEFG

C）ABCDEFG   D）AABBCCDDEEFFGG

25．设有如下程序：
```
Private Sub Form_Click()
    Dim ary(1 To 5) As Integer
    Dim i As Integer
    Dim sum As Integer
    For i=1 To 5
      ary(i)=i+1
      sum=sum+ary(i)
    Next i
    Print sum
End Sub
```
程序运行后，单击窗体，输出结果为（   ）。

A）15   B）16   C）20   D）25

26．有一个数列，它的前 3 个数为 0，1，1，此后的每个数都是其前面 3 个数之和，即 0，1，1，2，4，7，13，24，……，要求编写程序输出该数列中所有不超过 1000 的数。
```
Private Sub Form_Click()
    Dim i As Integer,aAs Integer ,b As Integer
Dim c As Integer,d As Integer
a=0:b=1:c=1
d=a+b+c
i=5
While d<=1000
    Print d;
    a=b:b=c:c=d
    d=a+b+d
    i=i+1
Wend
End Sub
```
运行上面的程序，发现输出的数列不完整，应进行修改。以下正确的修改是（   ）。

A）把 While d<=1000 改为 While d>1000   B）把 i=5 改为 i=4

C）把 i=i+1 移到 While d<=1000 的下面   D）在 i=5 的上面增加一个语句：Print a;b;c

27．下面的语句用 Array 函数为数组变量 a 的各元素赋整数值：a=Array(1,2,3,4,5,6,7,8,9)，针对 a 的声明语句应该是（   ）。

A）Dim a   B）Dim a As Integer

C）Dim a(9) As Integer   D）Dim a() As Integer

28．下列描述中正确的是（   ）。

A）Visual Basic 只能通过过程调用执行通用过程

B）可以在 Sub 过程的代码中包含另一个 Sub 过程的代码

C）可以像通用过程一样指定事件过程的名字

D）Sub 过程和 Function 过程都有返回值

29．阅读程序：
```
Function fac(ByVal n As Integer)As Integer
    Dim temp As Integer
```

```
            temp=1
            For i%=1 To n
                temp=temp*i%
            Next i%
            fac=temp
        End Function
        Private Sub Form_Click()
            Dim nsum As Integer
            nsum=1
            For i%=2 To 4
                nsum=nsum+fac(i%)
            Next i%
            Print nsum
        End Sub
```

程序运行后，单击窗体，输出结果是（　　）。

　　A）35　　　　　　　　B）31　　　　　　　　C）33　　　　　　　　D）37

30．在窗体上画一个命令按钮和一个标签，其名称分别为 Command1 和 Label1，然后编写如下代码：

```
        Sub S(x As Integer,y As Integer)
            Static z As Integer
            y=x*x+z
            z=y
        End Sub
        Private Sub Command1_Click()
            Dim i As Integer,z As Integer
            m=0
            z=0
            For i=1 To 3
                S  i,z
                m=m+z
            Next i
            Label1.Caption=Str(m)
        End Sub
```

程序运行后，单击命令按钮，在标签中显示的内容是（　　）。

　　A）50　　　　　　　　B）20　　　　　　　　C）14　　　　　　　　D）7

31．以下说法中正确的是（　　）。

　　A）MouseUp 事件是鼠标向上移动时触发的事件

　　B）MouseUp 事件过程中的 x，y 参数用于修改鼠标位置

　　C）在 MouseUp 事件过程中可以判断用户是否使用了组合键

　　D）在 MouseUp 事件过程中不能判断鼠标的位置

32．假定已经在菜单编辑器中建立了窗体的弹出式菜单，其顶级菜单项的名称为 a1，其"可见"属性为 False。程序运行后，单击鼠标左键或右键都能弹出菜单的事件过程是（　　）。

　　A）Private Sub Form_MouseDown(Button As Integer,Shift As Integer,X As Single,Y As Single)

　　　　　　If Button =1 And Button =2 Then

　　　　　　　　PopupMenu a1

```
            End If
        End Sub
    B）Private Sub Form_MouseDown(Button As Integer,Shift As Integer,X As Single,Y As Single)
        PopupMenu a1
        End Sub
    C）Private Sub Form_MouseDown(Button As Integer,Shift As Integer,X As Single,Y As Single)
        If Button =1 Then
            PopupMenu a1
        End If
        End Sub
    D）Private Sub Form_MouseDown(Button As Integer,Shift As Integer,X As Single,Y As Single)
        If Button =2 Then
            PopupMenu a1
        End If
        End Sub
```

33．在窗体上画一个名称为 CD1 的通用对话框，并有如下程序：
```
Private Sub Form_Load()
    CD1.DefaultExt="doc"
    CD1.FileName="c:\file1.txt"
    CD1.Filter="应用程序(*.exe)|*.exe"
End Sub
```
程序运行时，如果显示了"打开"对话框，在"文件类型"下拉列表中的默认文件类型是（　　）。

 A）应用程序(*.exe) B）*.doc   C）*,txt   D）不确定

34．以下描述中错误的是（　　）。

 A）在多窗体应用程序中，可以有多个当前窗体

 B）多窗体应用程序的启动窗体可以在设计时设定

 C）多窗体应用程序中每个窗体作为一个磁盘文件保存

 D）多窗体应用程序可以编译生成一个 EXE 文件

35．以下关于顺序文件的叙述中，正确的是（　　）。

 A）可以用不同的文件号以不同的读写方式同时打开一个文件

 B）文件中各记录的写入顺序与读出顺序是一致的

 C）可以用 Input #或 Line Input #语句向文件写记录

 D）如果用 Append 方式打开文件，则既可以在文件末尾添加记录，也可以读取原有记录

36．对于含有多个窗体的工程而言，以下叙述中正确的是（　　）。

 A）没有指定启动窗体时，系统自动将最后一个添加的窗体设置为启动窗体

 B）启动窗体可以通过"工程属性"对话框指定

 C）Load 方法兼有装入和显示窗体两种功能

 D）Hide 方法可以将指定的窗体从内存中清除

37．要使得文件列表框 File1 中只显示文件扩展名为 jpg 的图片文件，则下列正确的语句是（　　）。

 A）File1.Pattern = "*.jpg"   B）File1.Parent = "*.jpg"

 C）File1.Path = "*.jpg"   D）File1.Pattern = "图片文件|*.jpg"

38. 下列描述中，错误的是（　　）。

    A）图片框控件和图像框控件都支持 Print 方法

    B）设计阶段，可以通过 Picture 属性把图形文件装入图片框

    C）运行期间，可以用 LoadPicture 函数把图形文件装入图片框

    D）运行期间，可以用 LoadPicture 函数删除图片框中的图形

39. 以下关于框架的叙述中，错误的是（　　）。

    A）框架能够响应 Click 事件

    B）框架是一个容器

    C）框架的 Enabled 属性为 False 时，框架内的控件均被屏蔽

    D）框架可以获得焦点

40. 窗体上有一个名称为 Text1 的文本框，一个名称为 Timer1 的计时器，且已在"属性"窗口将 Timer1 的 Interval 属性设置为 2000、Enabled 属性设置为 False。以下程序的功能是，单击窗体，则每隔 2 秒钟在 Text1 中显示一次当前时间。

```
Private Sub Form_Click()
    Timer1._____
End Sub
Private Sub Timer1_Timer ()
    Text1. Text= Time()
End Sub
```

为了实现上述功能，应该在横线处填入的内容为（　　）。

    A）Enabled=True   B）Enabled=False   C）Visible=True   D）Visible=False

二、基本操作题，请根据以下各小题的要求设计 Visual Basic 应用程序（包括界面和代码）

1. 在名称为 Form1 的窗口上添加一个标签，标题为"计算机等级考试"；再添加两个名称分别为 Frame1、Frame2 的框架，标题分别为"字号""修饰"；在 Frame1 中添加两个单选按钮，名称分别为 Option1、Option2，标题分别为"16 号""24 号"，且标题显示在单选按钮的左边；在 Frame2 中添加一个名称为 Check1 的复选框，标题为"下划线"。程序运行后的窗体如下图所示。

注意： 存盘时必须存放在考生文件夹下，工程文件名保存为 sjtl.vbp，窗体文件名保存为 sjtl.frm。

2. 在名称为 Form1 的窗体上添加一个名称为 Shape1 的形状控件，通过设置参数使其形状为圆形；添加一个名称为 Label1 的标签，标题为"形状"，标签的大小能够根据标签内容的字数、大小而定；添加一个名称为 Text1 的文本框，文本框最多能够显示 5 个字符，文本框中初始内容为"圆形"，如下图所示。

注意：存盘时，将文件保存至考生文件夹下，且窗体文件名为 sjt2.frm，工程文件名为 sjt2.vbp。

三、简单应用题

1．在考生文件夹下有一个工程文件 sjt4.vbp（相应的窗体文件名为 sjt4.frm），其功能是通过调用过程 FindMin 求数组的最小值。程序运行后，在 4 个文本框中各输入一个整数，然后单击命令按钮，即可求出数组的最小值，并在窗体上显示出来（如下图所示）。

要求：去掉程序中的注释符，把程序中的?改为正确的内容，使其实现上述功能，但不能修改程序中的其他部分。

最后把修改后的文件按原文件名存盘。

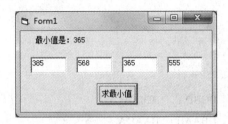

2．在考生文件夹下有一个工程文件 sjt3.vbp，窗体中有两个图片框，名称分别为 P1、P2，其中的图片内容分别是一架航天飞机和一朵云彩；一个命令按钮，名称为 Cl，标题为"发射"，还有一个计时器，名称为 Timer1。并给出了两个事件过程，但并不完整，要求：

①设置 Timer1 的属性，使其在初始状态下不计时；

②设置 Timer1 的属性，使其每隔 0.1 秒调用 Timer 事件过程一次；

③去掉程序中的注释符，把程序中的?改为正确的内容，使得在运行时单击"发射"按钮，航天飞机每隔 0.1 秒向上移动一次，当到达 P2 的下方时停止移动，如下图所示。

注意：不能修改程序中的其他部分。最后把修改后的文件按原文件名存盘。

四、综合操作题

以下数列：1，1，2，3，5，8，13，21…的规律是从第 3 个数开始，每个数都是其前面两个数之和。

在考生文件夹下有一个工程文件 sjt5.vbp。窗体中已经给出了所有控件，如下图所示。请编写适当的事件过程完成如下功能：选中一个单选按钮后，单击"计算"按钮，则计算出上述数列第 n 项的值，并在文本框中显示，n 是选中的单选按钮后面的数值（提示：因计算结果较大，应使用长整型变量）。

　　注意：不能修改已经给出的程序和已有的控件的属性；在结束程序运行之前，必须选中一个单选按钮，并单击"计算"按钮以获得一个结果；必须使用窗体右上角的关闭按钮结束程序，否则无成绩。最后把修改后的文件按原文件名存盘。

参考答案

　　一、选择题

1-20　DCBAC　　DCDBA　BCBDA　　BDDCB

21-40　BCAAC　　DAACB　CBAAB　　BAADA

　　二、基本操作题

　　（略）

　　三、简单应用题

　　（略）

　　四、综合操作题

　　（略）

第四部分　考试大纲

全国高等学校（安徽考区）计算机水平考试（Visual Basic）考试大纲

一、课程基本情况

课程名称：Visual Basic 程序设计

课程代号：211

先修课程：计算机应用基础

参考学时：75 学时（理论 39 学时，上机实验 36 学时）

考试安排：每年两次考试，一般安排在学期期末

考试方式：笔试＋机试

考试时间：笔试 60 分钟，机试 90 分钟

考试成绩：笔试成绩×40%＋机试成绩×60%

机试环境：Windows 7＋Visual Basic 6.0

设置目的：Visual Basic 是一门有代表性的可视化编程语言，广泛应用于多媒体技术、网络技术、数据库技术的应用程序开发。通过本课程的学习，可以使学生系统掌握 Visual Basic 开发应用程序的基本方法和技术，培养学生程序设计的综合应用能力和良好的计算思维素养，为后续课程的学习和计算机应用奠定良好的基础。

二、课程内容与考核目标

第 1 章　Visual Basic 程序设计概论

（一）课程内容

Visual Basic 集成开发环境，对象以及对象的属性、事件和方法，开发 Visual Basic 应用程序的基本步骤，Visual Basic.NET 简介。

（二）考核知识点

Visual Basic 的特点，Visual Basic 集成开发环境，对象以及对象的属性、事件和方法，开发 Visual Basic 应用程序的基本步骤，程序调试与纠错方法，生成可执行文件。

（三）考核目标

了解：Visual Basic 的特点

掌握：Visual Basic 集成开发环境，对象以及对象的属性、事件和方法，开发 Visual Basic 应用程序的基本步骤，生成可执行文件。

应用：利用 Visual Basic 集成开发环境创建简单工程和窗体文件，调试并生成可执行文件。

（四）实践环节

1．类型

验证、设计。

2．目的与要求

掌握建立、编辑、调试和运行一个简单的 Visual Basic 工程的步骤和方法。

第 2 章　Visual Basic 语言基础

（一）课程内容

基本数据类型，常量与变量，运算符与表达式，程序书写规则，常用内部函数，基本输入/输出语句。

（二）考核知识点

基本数据类型的概念，常量与变量的定义与声明，运算符与表达式，常用内部函数，基本输入/输出语句。

（三）考核目标

了解：基本数据类型

理解：运算符与运算表达式，常用内部函数。

掌握：表达式的类型转换及执行顺序，常量与变量，程序书写规则，基本输入输出（消息框 MsgBox、输入框 InputBox、Print 方法）。

（四）实践环节

1．类型

验证、设计。

2．目的与要求

掌握数据类型、表达式以及赋值语句，掌握常用内部函数的使用，掌握输入输出函数，Print 方法。

第 3 章　Visual Basic 程序控制结构

（一）课程内容

程序控制结构，窗体和三个基本控件。

（二）考核知识点

顺序结构、分支结构、循环结构，窗体属性、事件，命令按钮，标签，文本框。

（三）考核目标

了解：常用科学思维方法，经典算法。

掌握：程序控制结构，常用算法，结合标签、文本框、命令按钮等控件进行程序和窗体设计。

（四）实践环节

1．类型

验证、设计。

2．目的与要求

掌握利用标签、文本框、命令按钮等控件进行程序和窗体设计的方法。

第 4 章　用户界面设计

（一）课程内容

常用标准控件，ActiveX 控件，对话框设计，多重窗体设计，键盘和鼠标事件。

（二）考核知识点

单选按钮，复选框，框架，计时器，滚动条，图片框，图像框，绘图控件（Line、Shape），ActiveX 控件，通用对话框，多窗体，键盘和鼠标事件。

（三）考核目标

了解：ActiveX 控件

掌握：各控件的属性、事件和方法，常用的键盘和鼠标事件。

应用：正确使用标准控件的属性、事件和方法进行用户界面设计。

（四）实践环节

1．类型

验证、设计。

2．目的与要求

掌握使用标准控件的属性、事件和方法进行用户界面设计，编写、调试相应程序代码。

第 5 章　数组

（一）课程内容

一维数组，二维数组，多维数组，定长数组和动态数组，数组相关控件，控件数组。

（二）考核知识点

数组的声明、引用和应用，列表框，组合框，控件数组的使用。

（三）考核目标

了解：多维数组

掌握：一维数组，二维数组的声明、引用和应用，列表框，组合框的使用。

应用：能够利用列表框，组合框控件进行窗体程序设计。

（四）实践环节

1．类型

验证、设计。

2．目的与要求

掌握使用列表框、组合框控件进行窗体程序设计的方法。

第 6 章　过程

（一）课程内容

过程，函数，参数传递，变量的作用域，过程的嵌套与递归调用。

（二）考核知识点

过程和函数的定义与调用方法，形参和实参，传地址与传值，数组参数的传递，局部变量，模块级变量，全局变量，静态变量，过程的嵌套调用。

（三）考核目标

了解：递归的概念

理解：变量的作用域

掌握：过程和函数的定义和调用，参数传递的几种方法。

（四）实践环节

1．类型

验证、设计。

2．目的与要求

掌握编写、调用过程和函数的方法。

第7章　菜单设计

（一）课程内容

菜单编辑器，下拉式菜单，弹出式菜单。

（二）考核知识点

菜单编辑器，使用菜单编辑器建立菜单的方法，下拉式菜单，弹出式菜单。

（三）考核目标

了解：菜单编辑器

理解：弹出式菜单的概念

掌握：菜单编辑器的使用，菜单控件的常用属性和事件，下拉式菜单和弹出式菜单的建立方法。

应用：使用菜单编辑器设计下拉式菜单和弹出式菜单。

（四）实践环节

1．类型

验证、设计。

2．目的与要求

掌握使用菜单编辑器设计下拉式菜单和弹出式菜单的方法。

第8章　文件管理

（一）课程内容

常用文件的分类，顺序文件，随机文件，文件系统控件。

（二）考核知识点

文件的分类，文件的基本操作，顺序文件，随机文件，文件系统控件。

（三）考核目标

了解：常用文件的分类

理解：文件的基本操作，随机文件。

掌握：顺序文件的打开、关闭、写入和读取，随机文件的打开、关闭、写入和读取，文件系统控件。

应用：顺序文件和随机文件的打开、关闭、写入和读取的具体方法。

（四）实践环节

1．类型

验证、设计。

2．目的与要求

掌握利用顺序文件、随机文件实现一般数据文件读写的方法，掌握文件系统控件的使用方法。

第9章　数据库编程

（一）课程内容

关系数据库，结构化查询语言（SQL），数据库访问技术。

（二）考核知识点

关系数据库的定义与特点，结构化查询语言（SQL）基本语句，数据库访问技术，使用DAO 的 Data 控件访问数据库。

（三）考核目标

了解：关系数据库的定义与特点，结构化查询语言（SQL）基本语句，数据库访问技术，使用 DAO 的 Data 控件访问数据库的基本方法。

（四）实践环节

1．类型

验证

2．目的与要求

掌握使用 DAO 的 Data 控件访问数据库的基本方法。

三、题型

1．笔试

题型	题数	每题分值	总分值	题目说明
程序填空题	3	12	36	偏重对象和程序的基本概念
阅读程序题	4	8	32	偏重程序的基本结构
程序设计题	2	16	32	偏重程序综合设计能力

2．机试

题型	题数	每题分值	总分值	题目说明
单项选择题	40	1	40	含 5 题计算机基础知识
程序改错题	2	9	18	偏重程序的结构、语法和算法
Windows 操作题	1	10	10	偏重文件的基本操作
综合应用题	2		32	偏重用户界面设计

全国计算机等级考试二级（Visual Basic 语言程序设计）考试大纲[①]

基本要求

1. 熟悉 Visual Basic 集成开发环境。
2. 了解 Visual Basic 中对象的概念和事件驱动程序的基本特性。
3. 了解简单的数据结构和算法。
4. 能够编写和调试简单的 Visual Basic 程序。

考试内容

一、Visual Basic 程序开发环境

1. Visual Basic 的特点和版本。
2. Visual Basic 的启动与退出。
3. 主窗口：
（1）标题和菜单。
（2）工具栏。
4. 其他窗口：
（1）窗体设计器和工程资源管理器。
（2）属性窗口和工具箱窗口。

二、对象及其操作

1. 对象：
（1）Visual Basic 的对象。
（2）对象属性设置。
2. 窗体：
（1）窗体的结构与属性。
（2）窗体事件。
3. 控件：
（1）标准控件。
（2）控件的命名和控件值。
4. 控件的画法和基本操作。
5. 事件驱动。

[①] 二级各科目考试的公共基础知识考试大纲及样题见高等教育出版社出版的《全国计算机等级考试二级教程——公共基础知识（2013 年版）》附录部分。

三、数据类型及其运算

1．数据类型：

（1）基本数据类型。

（2）用户定义的数据类型。

2．常量和变量：

（1）局部变量与全局变量。

（2）变体类型变量。

（3）缺省声明。

3．常用内部函数。

4．运算符与表达式：

（1）算术运算符。

（2）关系运算符与逻辑运算符。

（3）表达式的执行顺序。

四、数据输入、输出

1．数据输出：

（1）Print 方法。

（2）与 Print 方法有关的函数（Tab，Spc，Space$）。

（3）格式输出（Format$）。

2．InputBox 函数。

3．MsgBox 函数和 MsgBox 语句。

4．字形。

5．打印机输出：

（1）直接输出。

（2）窗体输出。

五、常用标准控件

1．文本控件：

（1）标签。

（2）文本框。

2．图形控件：

（1）图片框，图像框的属性，事件和方法。

（2）图形文件的装入。

（3）直线和形状。

3．按钮控件。

4．选择控件：复选框和单选按钮。

5．选择控件：列表框和组合框。

6．滚动条。

7．计时器。

8．框架。

9．焦点与 Tab 顺序。

六、控制结构

1．选择结构：

（1）单行结构条件语句。

（2）块结构条件语句。

（3）IIF 函数。

2．多分支结构。

3．For 循环控制结构。

4．当循环控制结构。

5．Do 循环控制结构。

6．多重循环。

七、数组

1．数组的概念：

（1）数组的定义。

（2）静态数组与动态数组。

2．数组的基本操作：

（1）数组元素的输入、输出和复制。

（2）For Each．．．Next 语句。

（3）数组的初始化。

3．控件数组。

八、过程

1．Sub 过程：

（1）Sub 过程的建立。

（2）调用 Sub 过程。

（3）通用过程与事件过程。

2．Function 过程：

（1）Function 过程的定义。

（2）调用 Function 过程。

3．参数传送：

（1）形参与实参。

（2）引用。

（3）传值。

（4）数组参数的传送。

4．可选参数与可变参数。

5．对象参数：

（1）窗体参数。

（2）控件参数。

九、菜单与对话框

1．用菜单编辑器建立菜单。

2．菜单项的控制：

（1）有效性控制。

（2）菜单项标记。

（3）键盘选择。

3．菜单项的增减。

4．弹出式菜单。

5．通用对话框。

6．文件对话框。

7．其他对话框（颜色，字体，打印对话框）。

十、多重窗体与环境应用

1．建立多重窗体应用程序。

2．多重窗体程序的执行与保存。

3．Visual Basic 工程结构：

（1）标准模块。

（2）窗体模块。

（3）SubMain 过程。

4．闲置循环与 DoEvents 语句。

十一、键盘与鼠标事件过程

1．KeyPress 事件。

2．KeyDown 与 KeyUp 事件。

3．鼠标事件。

4．鼠标光标。

5．拖放。

十二、数据文件

1．文件的结构和分类。

2．文件操作语句和函数。

3．顺序文件：

（1）顺序文件的写操作。

（2）顺序文件的读操作。

4．随机文件：

（1）随机文件的打开与读写操作。

（2）随机文件中记录的增加与删除。

（3）用控件显示和修改随机文件。

5．文件系统控件：

（1）驱动器列表框和目录列表框。

（2）文件列表框。

6．文件基本操作。

考试方式

上机考试，考试时长 120 分钟，满分 100 分。

1．题型及分值

单项选择题 40 分（含公共基础知识部分 10 分）。

基本操作题 18 分。

简单应用题 24 分。

综合应用题 18 分。

2．考试环境

Microsoft Visual Basic 6.0。